Le sorelle dimenticate

Gabriella Bernardi

Le sorelle dimenticate

Pioniere della scienza e dell'astronomia
prima di Carolina Herschel

 Springer

Gabriella Bernardi
Torino, Italy

ISBN 978-3-031-98546-1   ISBN 978-3-031-98547-8 (eBook)
https://doi.org/10.1007/978-3-031-98547-8

A tutte le menti curiose e perseveranti

Introduzione

4 Marzo, 1845.
MIA CARA NIPOTE,

* * * *

Ti ho capito bene? Hai visto il termometro 1°½ sopra lo zero? il più basso che ho sentito dire qui era solo 13° sotto il punto di congelamento [si riferisce alla scala Fahrenheit per cui 1,5 °F corrisponde a circa −9,5 °C, mentre 13 °F sotto il punto di congelamento corrispondono a 19 °F cioè −7,2 °C]; ma siamo sepolti nella neve!

5 Marzo. – Nessuna variazione nel tempo, né nel mio affetto per la mia cara nipote e nipote e i loro dieci figli! il primo è freddo quanto il secondo è caldo!

Figura 1 Le Muse Urania e Calliope di Simon Vouet 1634 circa

Figura 2 Margaret Her-
schel (Margaret Brodie
Stewart) (1810–1864) mo-
glie dell'astronomo John
Herschel, di Alfred Edward
Chalon 1829

* * * *

29 Aprile, 1845.

Nella biblioteca di suo padre mio nipote deve aver trovato un volume in folio
di H – (un astronomo e incisore di rame), dove, per ogni ora è data una distinta
immagine [della luna]. Nel Phil. Transactions per 1780, p. 507, è il primo articolo
di William Herschel sulla Luna. Nel 1787; 1792, p. 27; 1793, p. 206, misura delle
montagne, &c.

Ventitré anni fa, quando sono venuta qui per la prima volta, ho visitato la signora
W. (non von) una o due volte, ho visto il suo osservatorio e un telescopio, credo
non superiore a 24 pollici di lunghezza focale; a quel tempo si divertiva a mo-
dellare le teste degli imperatori romani: sua figlia, allora una ragazza, era una
poetessa, e un suo ritratto fu esposto come una Saffo coronata di allori ....

Queste righe fanno parte della corrispondenza tra una famosa astronoma che visse
a cavallo tra il diciottesimo e il diciannovesimo secolo, Caroline Herschel e sua
nipote acquisita, Margaret Brodie Stewart, moglie dell'astronomo John Herschel,
figlio di suo fratello William.

Caroline Lucretia Herschel (1750–1848) è stata probabilmente la più famosa
astronoma del passato. Suo fratello, William, divenne famoso per la scoperta di Urano, e insieme hanno avviato uno studio del "cielo fisico", occupandosi dello sfondo
di stelle che fino ad allora erano state considerate poco più che un palcoscenico per
osservare i movimenti dei pianeti.

Hanno iniziato lo studio delle nubi interstellari, quelle regioni apparentemente
prive di stelle che ora sappiamo essere enormi regioni di spazio riempite di polvere

Figura 3 Rappresentazione
artistica di Caroline Herschel
che prende appunti mentre
suo fratello William osserva
il 13 marzo 1781; la notte in
cui William scoprì il pianeta
Urano

che nascondono gli oggetti dietro di loro, e hanno indagato la distribuzione delle stelle nello spazio, cercando per la prima volta di ricostruire la forma della nostra Galassia.

Tra la corrispondenza di Caroline, la lettera sopra citata non è sicuramente la più importante dal punto di vista astronomico, ma è interessante notare che è una delle pochissime, forse l'unica, in cui lei menziona un'altra astronoma, sebbene probabilmente fosse solo una dilettante.

È noto, tuttavia, che Caroline Herschel non era l'unica astronoma femminile del passato meritevole di un riconoscimento appropriato.

La sensazione di tale mancanza di apprezzamento è ben rappresentata in un'intensa poesia di Siv Cedering (1939–2007) intitolata "Letter from Caroline Herschel (1750–1848)" [Lettera da Carolina Herschel] in cui l'artista immagina che la famosa astronoma stia scrivendo una lettera raccontandole del lavoro esigente con il loro fratello, che coinvolgeva sia la costruzione del telescopio che le osservazioni notturne, e quanto fosse difficile trovare del tempo per le sue ricerche personali.

La conclusione tradisce la sua paura rassegnata di essere dimenticata, come le cinque "sorelle perdute da tempo" del passato che cita: Aganice di Tessaglia, Ipazia, Idelgarda, Catherina Hevelius e Maria Agnesi, tutte scienziate e astronome.

Figura 4 Dettaglio da La Scuola di Atene (1509–1510) di Raffaello Sanzio. Potrebbe essere un ritratto di Francesco Maria della Rovere, o forse il filosofo Pico della Mirandola. È stato anche suggerito che potrebbe rappresentare Ipazia, sebbene questa sia un'interpretazione minoritaria

È suggestivo immaginare che questa lettera sia indirizzata a Mary Somerville, un'altra astronoma e sua contemporanea. Lei e Caroline, infatti, sono entrate nella storia non solo per i loro contributi all'astronomia, ma anche per essere le prime donne i cui meriti scientifici hanno ricevuto un alto riconoscimento accademico come membri onorari della Royal Astronomical Society.

In realtà, nonostante le molte difficoltà causate dal vivere e lavorare in un mondo dominato dagli uomini, si può trovare un notevole numero di donne scienziate che hanno portato importanti contributi allo sviluppo della scienza.

La storia ci tramanda i nomi di almeno venti famose scienziate dell'antichità, tra cui quello di Ipazia è probabilmente il più conosciuto.

Possiamo trovarne solo una dozzina nel Medioevo, soprattutto nei conventi, ma quasi nessuna tra il 1400 e il 1500. Il conteggio inizia a diventare più preciso in seguito, con 16 nel XVII secolo, 24 nel XVIII secolo, e 108 nel XIX secolo, mentre attualmente circa 2000 donne sono professionalmente coinvolte nel campo dell'astronomia, come riportato all'Assemblea Generale dell'Unione Astronomica Internazionale del 2015. (In realtà, tra i 11.273 membri di questa organizzazione 1792 sono donne, cioè circa il 15,9% del totale numero.).

Ma quante di loro sono citate nei libri di testo?

Infatti, non ci sono indizi di riconoscimenti simili ad altre figure femminili prima di Caroline Herschel e Mary Somerville, e purtroppo la storia delle donne nella cultura, così come nella vita civile, è una storia di esclusione fino alla fine del XIX secolo e ancora in gran parte fino alla metà del XX secolo. Questo almeno nei paesi industrializzati, poiché in molte nazioni in via di sviluppo, con rare eccezioni, le donne sono ancora lontane dal raggiungere anche i loro diritti più basilari come esseri umani.

Questo libro non tratterà le cause di questa situazione, piuttosto descriverà le vite di queste eminenti scienziate e i loro successi nella scienza. Non senza difficoltà, hanno intrapreso studi matematici e astronomici a livello professionale, lasciando a volte un segno indelebile nella storia della scienza, nonostante gli ostacoli dovuti principalmente alle idee e ai preconcetti che la società poneva su di loro e non sui loro colleghi maschi. Infatti, per secoli quelle donne che avevano accesso all'istruzione erano di alto rango o vivevano nei monasteri, dove effettivamente era richiesta una discreta dote.

In altri periodi storici quelle poche donne, favorite dall'avere un padre, un fratello o un marito scienziato disposto a condividere le loro conoscenze, potevano acquisire un'istruzione scientifica, ma ancora all'inizio del ventesimo secolo, in molti paesi europei, alle ragazze veniva negato l'accesso a università e anche alle scuole superiori. Di conseguenza, poiché le donne erano escluse dalle università e da un'istruzione scientifica regolare, emergevano solo pochi rari casi in cui veniva data loro una possibilità, dando origine all'idea che le donne non siano adatte alle materie scientifiche.

Le "Tre R"

Questo libro racconta le storie di vita di 25 scienziate, principalmente astronome e matematiche, che hanno dato contributi molto importanti allo sviluppo della scienza, ma che per troppo tempo sono rimaste dimenticate. Per ciascuna di queste "sorelle perdute della scienza", per usare l'espressione di Caroline Herschel nella poesia a lei dedicata, l'autrice ha organizzato una sorta di scheda personale che colloca la vita di ciascun soggetto nel suo contesto storico, descrive i suoi principali lavori, evidenzia alcuni fatti curiosi e interessanti, e presenta commenti da contemporanei e discendenti.

Il libro risale a più di 4000 anni fa, fino a En HeduAnna, la principessa accadica che fu una delle prime astronome riconosciute, e include luminari come Ipazia di Alessandria, Hildegard di Bingen, Elisabetha Hevelius, e Maria Gaetana Agnesi, fino a Mary Somerville e Caroline Herschel stessa. Il libro sarà di interesse per tutti coloro che desiderano saperne di più sulle donne dall'antichità al XIX secolo che hanno svolto ruoli chiave nella storia dell'astronomia e della scienza nonostante vivessero e lavorassero in mondi prevalentemente dominati dagli uomini.

Avvicinarsi alle discipline scientifiche, e in particolare a quelle relative all'astronomia, non può essere tentato senza alcune conoscenze di base. Nel mondo anglosassone "Reading, Writing and Reckoning" altrimenti note come le "Tre R", o come si dice in italiano "leggere, scrivere e far di conto". In questo senso le prime due, cioè saper leggere e scrivere, non sono sufficienti, e la terza ha il ruolo più prominente. Questo deve essere inteso in un senso più ampio dell'originale. Infatti, bisogna destreggiarsi in un universo matematico fatto di aritmetica, algebra, geometria, angoli ed equazioni di ogni tipo.

Senza una formazione adeguata è impossibile avanzare in questo mondo, quindi essere esclusi dal canale di distribuzione della conoscenza e significava essere tagliati fuori da certe aree. Per secoli, la trasmissione della conoscenza avveniva attraverso circuiti che erano molto diversi da quelli che attualmente consideriamo la normalità. Non esisteva nulla come un livello minimo garantito a tutti da qualche istituzione pubblica. L'istruzione, fino al XIX secolo, era fondamentalmente un onere privato che poteva essere sostenuto solo da famiglie che avevano sia i mezzi economici che la sete di conoscenza.

Figura 5 Ritratto di Elena Lucrezia Cornaro Piscopia, prima donna laureata al mondo

L'istruzione era quindi un privilegio solitamente riservato alle classi sociali superiori. Inoltre, il tipo di istruzione che si poteva ricevere, e quindi vincere l'eventuale accesso alla comunità scientifica, dipendeva dalla preparazione culturale e dalla posizione sociale occupata nella comunità civile. Questa situazione sarebbe sufficiente a capire perché così poche donne sono ricordate nella storia della scienza.

Per fare un esempio, per lungo tempo alle donne è stato negato l'accesso a qualsiasi Università, e un'apertura si verificò per la prima volta in Europa nel 1867 presso l'Ecole Polytechnique di Zurigo. Prima di allora, solo le università italiane avevano conferito titoli accademici ad alcune donne considerate speciali, come la nobile veneziana Elena Lucrezia Cornaro Piscopia, che fu la prima donna al mondo a ottenere una laurea magistrale in Filosofia dall'Università di Padova nel 1678.

Nonostante queste difficoltà, sono sempre esistite donne studiose che hanno lavorato in discipline scientifiche, se solo veniva loro data una minima libertà di accedere agli studi necessari. Per secoli, tuttavia, sono state mere eccezioni, e inoltre i loro nomi sono stati cancellati dalla storia. In quasi tutte le circostanze erano figlie, mogli o sorelle di scienziati, e i loro contributi erano spesso confusi con quelli dei loro parenti maschili.

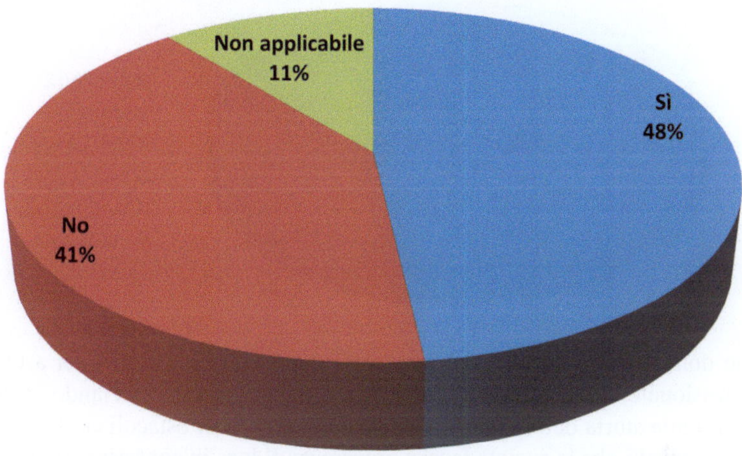

In alcuni casi, dove era possibile, hanno anche ideato metodi per essere prese in considerazione pubblicando sotto pseudonimo. L'esempio più famoso è quello della matematica Sophie Germain che, durante il diciannovesimo secolo, si firmava come "Monsieur Le Blanc" per comunicare con la comunità dei matematici come il celebre Louis Lagrange.

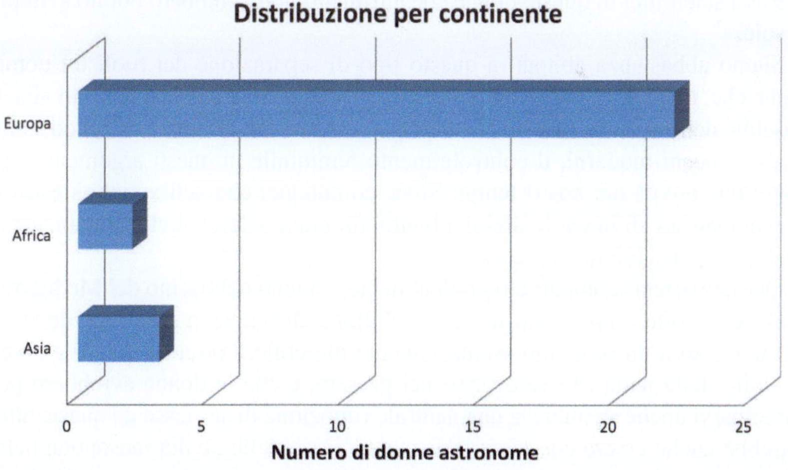

L'obiettivo di questa ricerca era descrivere le vite e le opere delle astronome del passato. Vissero principalmente nel bacino europeo-mediterraneo, dall'antichità al diciottesimo secolo, fino a un periodo idealmente rappresentato da Caroline Herschel in un momento in cui l'idea di un ruolo più pubblico delle donne in Astronomia iniziò ad avviarsi.

Distribuzione per periodo storico

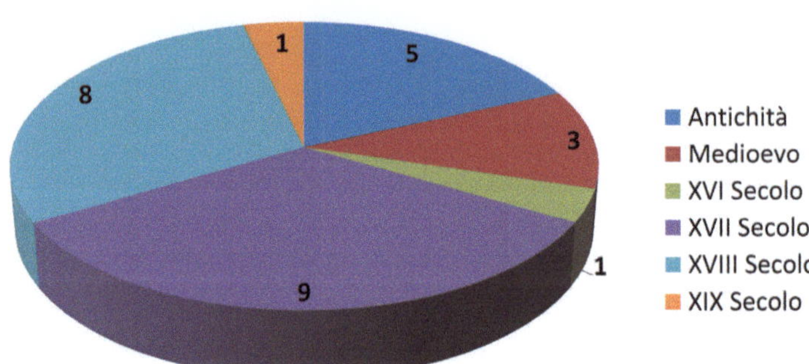

Queste donne hanno intrapreso i loro studi matematici e astronomici a un livello professionale, distinguendosi, non senza difficoltà, spesso lasciando importanti contributi alla storia della scienza, nonostante i numerosi ostacoli creati dalle idee e dai preconcetti che la società faceva gravare su di loro in contrasto con i vantaggi dei loro colleghi uomini.

È stato interessante saperne di più sulle relazioni familiari di alcune di queste scienziate e analizzare la loro influenza sulle personalità e i contributi scientifici di queste studiose. Spesso un legame è stato creato da qualche interesse reciproco tra padre e figlia, marito e moglie o fratello e sorella, e questi forti legami emotivi con una figura maschile, prominente ma amichevole, hanno influenzato la vita e gli interessi scientifici di queste donne che altrimenti non avrebbero potuto svilupparsi da sole.

Siamo abbastanza abituati a questo tipo di separazione dei ruoli tra uomini e donne che, tra le altre vocazioni, riservava lo studio delle scienze naturali alla parte maschile della società. Questo costume può essere fatto risalire a tempi così antichi che, agli occhi moderni, il coinvolgimento femminile in questi argomenti sembra essere una novità dei nostri tempi. Si sa, comunque, che nell'antichità esistevano società matriarcali in cui le divinità femminili erano adorate nella convinzione che fossero responsabili della creazione.

Queste società scomparvero gradualmente, almeno nel bacino del Mediterraneo, a favore di culture prevalenti in cui la religione attribuiva la creazione della vita e dell'universo a un principio esclusivamente maschile. Potrebbe quindi essere che lo studio della natura fosse diverso nel passato, e che le donne avrebbero potuto parteciparvi anche se iniziava una naturale rimozione di se stesse da queste attività. Potrebbe anche essere che le antiche sacerdotesse delle civiltà mesopotamiche ed egiziane, alcuni esempi sono citati in questo libro, possano essere interpretate come le ultime tracce di questi antichi ruoli, preservati per un certo tempo grazie a una sorta di eredità religiosa.

Probabilmente tali figure divennero sempre meno comuni con l'evoluzione di società più "moderne", ma nonostante gli ostacoli crescenti che le donne dovevano sicuramente incontrare, in particolare per la loro partecipazione alla conoscenza

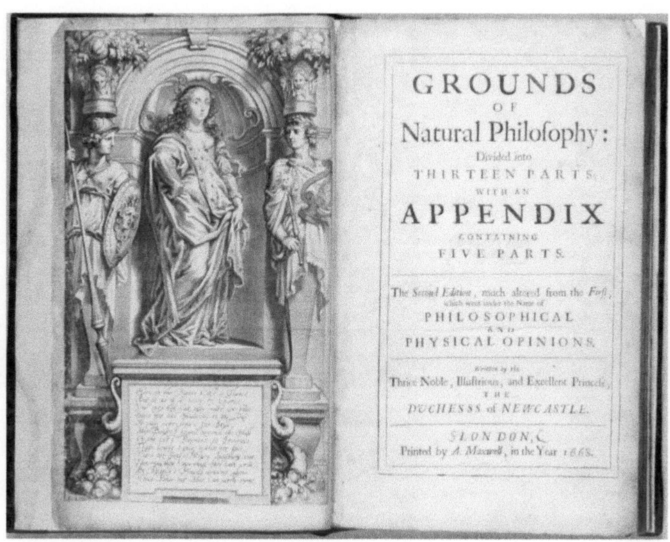

Figura 6 Pagina del titolo e frontespizio del "Grounds of Natural Philosophy" di Margaret Cavendish, Duchessa di Newcastle

scientifica, i contributi femminili non sono mai venuti a mancare. Anche nella misogina società greca possiamo ritrovarne alcune nel settimo e sesto secolo a.C. Fiorirono all'interno della scuola pitagorica, che ammetteva anche le donne come discepole, tra le quali il nome più famoso è quello di Teano.

Filosofa, matematica, astronoma e medico, le viene attribuito un ruolo di primo piano in questa scuola e di diverse opere in queste discipline, ma le informazioni disponibili sono estremamente incerte a causa del carattere settario di questa organizzazione e del segreto imposto ai suoi seguaci. Nemmeno il suo grado di parentela con Pitagora può essere chiaramente stabilito: avrebbe potuto essere sua moglie, ma in altre fonti è attestata come sua figlia. In ogni caso, tale relazione le permise di studiare e di diventare una scienziata in grado di succedere a Pitagora stesso nella direzione della sua setta nel sesto secolo a.C.

Tra le altre figure analizzate in questo libro, una delle più famose dell'antichità è Ipazia di Alessandria, che visse tra il quarto e il quinto secolo d.C. Era una matematica, astronoma e filosofa che fu brutalmente uccisa a seguito della lotta per il potere tra la fazione pagana ellenica e la nascente setta cristiana che caratterizzava quel periodo storico. Viene menzionata insieme ad Aganice di Tessaglia, Ildegarda di Bingen, Caterina Hevelius e Maria Agnesi nel poema "Lettera da Caroline Herschel" di Siv Cedering citato nell'introduzione, ma come possiamo vedere dalla nostra lista questo rappresenta solo un campione limitato.

Nel primo Medioevo la posizione sociale delle donne all'interno delle famiglie nobili migliorò notevolmente, almeno in certi aspetti. I monasteri, in particolare, per un certo periodo rappresentarono notevoli centri culturali e ambienti in cui le donne

in certi casi potevano essere educate in ogni campo. L'esempio più significativo di tale situazione è Ildegarda di Bingen.

In seguito, a causa di un arretramento in senso sessista della Chiesa cristiana, il ruolo femminile fu sempre più ostacolato e di conseguenza divenne sempre più marginale, così che quando, all'inizio dell'undicesimo secolo, furono istituite le prime università, le donne furono immediatamente escluse e dovettero ricorrere a forme di educazione non accademica. È soprattutto in questo modo che si sviluppò la forma di partnership sopra menzionata tra uomini e donne in cui i primi svolgevano il ruolo dominante, con conoscenze prevalentemente teoriche, e le seconde invece diventavano le loro assistenti con compiti prevalentemente pratici o secondari.

Nel sedicesimo secolo furono sviluppati nuovi e rivoluzionari concetti in astronomia, e anche diverse scienziate parteciparono a questa impresa, sebbene allo stesso tempo la "caccia alle streghe" imperversasse in tutta Europa. Più tardi, il diciassettesimo e il diciottesimo secolo assistettero all'apparizione di un nuovo fenomeno tra le donne dell'aristocrazia, quello dei circoli scientifici, o "saloni", tenuti da donne per scienziati e studiosi.

Tra le "dame della scienza" si possono trovare molte figure di spicco, come Margaret Cavendish (che finanziò la Royal Society e la Cattedra Lucasiana di matematica all'Università di Cambridge, posizione occupata da Newton), Lady Conway, la regina Cristina di Svezia o la marchesa du Châtelet.

Tutte si sono distinte non solo nel ruolo di patronesse, ma anche in quello di studiose. Ironia della sorte, questo fenomeno ha anche contribuito alla nascita e allo sviluppo delle grandi accademie e società scientifiche, che però (almeno quelle più prestigiose) non ammettevano la presenza di donne fino al ventesimo secolo.

Per le donne si sono sviluppate opportunità nella ricerca scientifica in ambiti in cui emergevano metodologie e tecniche innovative, soprattutto in quei campi dove potevano essere sfruttate specifiche competenze femminili. Esempi di questo fenomeno includono Elisabetha Koopman Hevelius ed Elisabeth Maria Winkelmann Kirch, durante il diciassettesimo secolo.

Lo sviluppo della scienza ha reso l'attrezzatura sempre più complessa, e quando i suoi costi hanno superato quelli accessibili a un'impresa personale e "fatta in casa" o artigianale, la ricerca si è spostata definitivamente all'interno del mondo accademico e dominato dagli uomini. Allo stesso modo di quanto accaduto con la nascita delle Università o con le società scientifiche, le donne sono state escluse dall'attività scientifica ufficiale e più rilevante, e ancora una volta ridotte al ruolo di aiutanti fantasma. Un altro motivo che spiega perché molte di loro sono sconosciute oggi.

L'era moderna ha assistito a significativi cambiamenti sociali, come l'emergere di una classe sociale borghese e dei suoi valori, che sono diventati prominenti nella società insieme all'importanza di questa nuova classe sociale. Tuttavia, i loro canoni sociali hanno relegato le donne a un ruolo di gestione familiare, e come una sorta di "vetrina sociale" il cui prestigio dipendeva essenzialmente da quello dell'uomo, a cui era riservato esclusivamente il ruolo di leader e lavoratore. L'educazione delle donne non era necessariamente inclusa in questi obblighi sociali.

Ringraziamenti

Voglio ringraziare il Dr. Alberto Vecchiato dell'Osservatorio Astrofisico di Torino per aver dedicato sia il suo tempo che la sua conoscenza scientifica e storica. Sono anche grata per l'aiuto dimostrato da molti bibliotecari, archivisti e le loro istituzioni italiane e straniere.

Indice

Parte I
Linea Temporale da Enheduanna a Sonduk

Capitolo 1
Enheduanna (XXIV a.C.)

È ora di riaccendere le stelle

(Guillaime Apollinaire-Les mamelles de Tirésias)

Non potremo mai sapere con certezza l'identità della prima donna che, nascosta dalle nebbie del tempo, ha lavorato sistematicamente nel campo dell'astronomia. Tuttavia, il nome di una principessa mesopotamica è emerso da antiche tavolette di argilla. Enheduanna o Enheduana, En-hedu-ana, En HeduAnna; questo è il nome della donna che porta la prima testimonianza documentata di un'astronoma nell'antichità.

Non sappiamo molto su di lei, ma visse intorno al 2300 a.C. nella regione sumerica e probabilmente suo padre era un re, Sargon I il Grande (2335–2279 a.C.). Veniva dalla città di Akkad ed era il fondatore di una dinastia che, circa 4000 anni fa, unificò diversi popoli della regione mesopotamica in un vasto impero, che includeva tutte le città sumeriche. Sargon non era un nobile, ma piuttosto un arrampicatore sociale. Iniziando come coppiere del Re di Kish, una città sumerica, alla fine divenne il Signore dei quattro regni, creando un impero che si estendeva dal Golfo Persico al Mediterraneo, includendo Mesopotamia, Elam, Siria, Fenicia e parte dell'Anatolia, nell'odierna Turchia.

Dopo essere stato proclamato Dio, figlio di Inanna, la dea sumera dell'amore e della fertilità la cui controparte babilonese era Ishtar, governò il suo impero in modo equilibrato, rispettoso delle tradizioni e dei costumi dei diversi popoli soggetti alla sua autorità. Ebbe la lungimiranza di circondarsi di uomini di grande merito e sebbene fosse un uomo di guerra, sostenne arte, cultura e scienza.

Il monarca nominò sua figlia maggiore, Enheduanna, Somma Sacerdotessa della dea della Luna nella Città, una posizione di notevole prestigio. Infatti dobbiamo ricordare che i sacerdoti e le sacerdotesse svolgevano un ruolo fondamentale nelle civiltà mesopotamiche. Dai loro sacri templi, non erano solo i depositari di conoscenza, ma dirigevano anche tutte le attività importanti come il commercio, l'agricoltura e l'artigianato. È per questo ruolo che Enheduanna può essere considerata un'Astronoma, una delle attività che rientravano nella sua autorità.

G. Bernardi, *Le sorelle dimenticate*, https://doi.org/10.1007/978-3-031-98547-8_1

1.1 Astronomia Babilonese

La denominazione di "astronomia babilonese" è convenzionalmente adottata per identificare questa scienza e il suo sviluppo nel corso di un lungo periodo di tempo, oltre quello della civiltà che porta lo stesso nome, estendendosi per più di 3000 anni dal periodo sumerico alla sua ultima eredità appartenente all'era seleucide, mescolandosi e influenzando così le conquiste della civiltà ellenistica.

L'attributo "babilonese" che caratterizza questa definizione è dato per sottolineare l'esplosione di scoperte e la sistematizzazione della conoscenza che si sviluppò durante la loro era. Tra gli altri, ai babilonesi deve essere attribuito il merito di aver creato una rete di osservatori in cui sacerdoti e sacerdotesse studiavano i movimenti dei corpi celesti, creando forse il primo catalogo stellare e i primi esempi di mappe celesti.

Le loro osservazioni hanno anche permesso misurazioni precise di diversi eventi celesti come le fasi della Luna e il mese lunare, l'anno Solare e il moto planetario. I primi erano alla base della loro definizione del mese, il cui momento di inizio era segnato dal primo giorno dopo la luna nuova, quando la prima falce di luna crescente appariva dopo il tramonto.

Complessivamente, essi scoprirono alcuni importanti cicli utilizzati per prevedere le eclissi e che sono alla base del loro calendario. Questo è di tipo luni-solare, basato su un ciclo lungo 19 anni chiamato "Metonico" dal nome di un astronomo greco che in realtà lo apprese dai babilonesi, e permette la definizione di un calendario che può mantenere i mesi lunari e le stagioni allineate.

Gli stessi algoritmi usati in questo calendario sono ancora utilizzati per fissare le date di certi eventi religiosi come la Pasqua cristiana e la Pasqua ebraica. I babilonesi hanno anche introdotto il modo di suddividere il giorno che ancora usiamo, con 24 ore, ciascuna composta da 60 minuti, che a loro volta sono divisi in 60 secondi.

Questa suddivisione è legata al modo in cui rappresentavano i numeri che adottava, per la prima volta nella storia, una notazione posizionale con un sistema sessagesimale, simile al nostro decimale, ma la cui base è 60. Il grande vantaggio di una tale notazione è che non solo permette la rappresentazione di grandi numeri con un insieme limitato di simboli, ma anche facilita notevolmente i calcoli matematici. I babilonesi hanno anche stabilito misure di lunghezza, di peso che, insieme al tempo già menzionato, erano alla base della conoscenza di altre culture.

In un periodo successivo, intorno al quinto secolo a.C. notarono che il moto apparente del Sole e della Luna, da Ovest verso Est, avveniva a una velocità variabile piuttosto che costante: i due corpi celesti sembravano accelerare nella prima metà del moto apparente di rivoluzione, fino a un valore massimo, e decelerare nella metà rimanente, riprendendo infine la loro velocità iniziale.

Per spiegare questo fenomeno, gli astronomi babilonesi formularono i primi modelli matematici sul moto delle stelle, che furono utilizzati per prevedere il momento di una nuova luna e l'inizio di ogni mese. Grazie alla loro lunga tradizione nello studio delle posizioni dei pianeti, i babilonesi notarono che questi corpi celesti tornavano periodicamente allo stesso posto rispetto alle stelle fisse, e chiamaro-

Figura 1.1 Tavoletta babilonese al British Museum
di Londra, che cita la cometa di Halley durante
un'apparizione nel 164 a.C.

no questi periodi "grandi cicli", determinando quelli di Marte, Mercurio, Giove,
Saturno e Venere.

La principale fonte di informazioni sull'astronomia babilonese è costituita da
centinaia di tavolette di argilla, scritte in caratteri cuneiformi e trovate dagli archeo-
logi nei loro scavi. Esse registrano sia le osservazioni astronomiche che i calcoli
fatti da questi antichi sacerdoti e scienziati. In particolare, circa 300 tavole, per lo
più da Uruk e Babilonia, furono scoperte nel XIX secolo e vendute al British Museum. Su tali reperti potrebbero essere svelate per esempio le loro teorie planetarie.
Inoltre, mostrano che sia gli astronomi di Uruk che quelli di Babilonia erano molto
attivi durante il tardo periodo seleucide, cioè l'ultimo dell'astronomia babilonese,
quando questa antica scienza si fuse con la cultura greca, portando le realizzazioni
della scienza ellenistica. I primi infatti possono essere datati tra il 200 e il 160 a.C.,
mentre la maggior parte delle tavolette babilonesi appartengono al periodo tra 170
e 50 a.C.

Gaio Plinio Secondo, meglio conosciuto come Plinio il Vecchio, era un autore
romano, naturalista e filosofo naturale che morì durante l'eruzione del Vesuvio nel

79 a.C. Scrisse un'opera enciclopedica, "Naturalis Historia", Storia Naturale, nella quale si riporta che c'erano tre scuole di Astronomia Babilonese: Babilonia, Uruk e Sippar, ma finora non ci sono state prove di scoperte astronomiche di questo nuovo centro.

1.2 Opere

Purtroppo si sa molto poco sulla vita e la conoscenza astronomica della Sacerdotessa Enheduanna. Nominata da suo padre come Somma Sacerdotessa della Dea della Luna della Città, si dedicò allo studio dei movimenti della Luna e delle stelle, e insieme ad altri sacerdoti dell'Impero Accadico, stabilì una vasta rete di osservatori che monitoravano sistematicamente il movimento delle stelle.

Sappiamo che le osservazioni e gli algoritmi che hanno permesso la costruzione del calendario babilonese possono essere datati, almeno in parte, al periodo di Enheduanna. La loro origine può quindi essere attribuita a questa antica comunità di sacerdoti e sacerdotesse che osservavano il cielo dai loro templi, tuttavia non possiamo individuare gli esatti contributi della nostra prima astronoma conosciuta, e questo non è solo perché ha vissuto così tanto tempo fa.

In realtà non possiamo identificare specifici contributi di alcun singolo astronomo mesopotamico a causa del carattere comunitario di queste società. Per questo motivo tutto era centrato sul re e sulla religione dominante, e le realizzazioni e le scoperte erano usate senza alcuna attribuzione personale. Tale era lo stato delle cose almeno fino all'avvento dell'era seleucide, quando iniziamo ad avere alcune eccezioni, tra cui possiamo trovare i nomi di soli due astronomi babilonesi citati per i loro contributi.

Questo quindi spiega perché, sfortunatamente, non abbiamo alcuna scrittura scientifica di Enheduanna, ma solo 48 poesie o inni. Una di queste poesie, tuttavia, è più che sufficiente per testimoniare l'importanza di questa donna nella sua società e la sua specifica attività nel campo dell'astronomia:

> *La vera donna che possiede straordinaria saggezza,*
> *Ella consulta una tavoletta di lapislazzuli*
> *Ella dà consigli a tutte le terre ...*
> *Ella misura i cieli,*
> *Ella pone le corde di misurazione sulla terra.*

1.3 Fatti curiosi

Enheduanna è infatti solo uno dei nomi di una presumibilmente lunga lista di donne che hanno studiato le stelle e i cicli lunari, anche se il suo purtroppo è l'unico che è sopravvissuto fino ai giorni nostri. Questo fatto quasi certo è dovuto alla relativamente ampia libertà culturale concessa alle donne nelle antiche società mesopotamiche. In effetti, tra i Sumeri, le donne potevano raggiungere una posizione sociale piuttosto elevata e avevano una buona autonomia, e dal Codice di Hammurabi sappiamo che potevano svolgere attività commerciali, possedere proprietà e diventare giudici e saggi.

Enheduanna è ritratta in un bassorilievo a Philadelphia presso il Museo Universitario che la mostra mentre presiede una cerimonia religiosa. Questo disco di alabastro raffigura la sacerdotessa nell'atto di celebrare una cerimonia religiosa in onore della dea Inanna, confermando il suo ruolo fondamentale all'interno della comunità e nel tempio di Ur, uno dei centri religiosi più importanti dei Sumeri.

Questo disco è infatti il simbolo di Nanna, la dea sumerica della Luna che, secondo una tradizione, era la madre di Inanna, ed è stato trovato da Leonard Wolley nel 1925, nel complesso architettonico della sacerdotessa di Nanna a Ur. Enheduanna risiedeva lì come Sacerdotessa del Sole, alla quale divinità la sua vita era stata consacrata.

È ritratta con l'abbigliamento tradizionale del suo ruolo con due servitori vicino a lei, mentre offre libagioni rituali alla dea Inanna. Sul retro il disco ha un'iscrizione dove la Sacerdotessa afferma di essere la figlia di Sargon, il Re di tutti e la vera Signora di Nanna.

1.4   Cosa dissero di lei

Il significato del nome di Enheduanna, è "en" significa Alto sacerdote o alta sacerdotessa, "hedu" significa ornamento, quindi questo nome può essere tradotto in "alta sacerdotessa ornamento del dio An". In particolare "An" era il dio del cielo.

Nell'antichità, potere, religione e scienza erano strettamente legati, e la posizione molto prestigiosa di Alta Sacerdotessa della Dea della Luna della Città, la rendeva una delle persone più potenti delle città sumeriche. Il suo potere può essere ben compreso notando che solo attraverso gli auspici dell'Alta Sacerdotessa un re aveva diritto di governare, anche se nel caso di Enheduanna si trattava di suo padre.

Capitolo 2
Aganice (XX a.C.)

Aganice, citata in altri testi come Athyrta, è il nome di una principessa egiziana che visse intorno al 1900 a.C., durante il Medio Regno (circa 2000–1700 a.C.) occupandosi di astronomia e di filosofia naturale.

Come è riportato in antichi scritti religiosi, si suppone che fosse la figlia o la sorella del re Sesostris I o Sesostre, della Dodicesima Dinastia. Questo Faraone governò l'Egitto per 45 anni, perseguendo una politica espansionistica attraverso diverse spedizioni militari che allargarono e garantirono i confini del suo regno.

Fu il primo Faraone a lasciare la capitale per andare nelle terre di Kush, in Nubia, ma non riuscì mai a conquistarle. Nonostante l'attività militare ai confini, la politica interna fu caratterizzata da un clima pacifico che favorì lo sviluppo delle arti e della scienza, continuando così una lunga tradizione le cui origini risalgono al Vecchio Regno, che durò per circa 500 anni a partire dal ventisettesimo secolo a.C.

Le donne erano una parte integrante di questa società, a tal punto che c'erano scuole mediche in cui potevano essere educate. Ci sono esempi illustri di questa istituzione, tra cui Mosè e sua moglie Zipporah, che si dice abbiano studiato medicina a Eliopoli intorno al 1500 a.C., e Hatshepsut, donna Faraone della Diciottesima dinastia.

Infatti, lei era chiamata la Regina-medico, e promosse una spedizione botanica alla ricerca di piante officinali. In Egitto, non solo la medicina ma anche l'osservazione delle stelle aveva origini molto remote.

Nel deserto del Sahara meridionale, vicino a Nabta nel deserto di Nubia, dopo 7000 anni è ancora visibile ciò che si ritiene essere il più antico Osservatorio Astronomico, eretto ben prima dell'Età delle Piramidi.

Il sito consiste in un piccolo cerchio di pietra, con una serie di strutture piatte simili a tombe, e di cinque linee di megaliti che ricordano quelli di Stonehenge e di altre aree europee che, tuttavia, sono datate 1000 anni dopo.

© The Author(s), under exclusive license to Springer Nature Switzerland AG 2025
G. Bernardi, *Le sorelle dimenticate*, https://doi.org/10.1007/978-3-031-98547-8_2

Figura 2.1 Lo zodiaco egiziano. Incisione colorata di John Chapman dopo la riproduzione originale di Vivant Denon presa durante la Campagna Egiziana di Napoleone. Credits: Creative Commons Attribution 4.0 International. (Questo file proviene da Wellcome Images, un sito web gestito da Wellcome Trust, una fondazione caritatevole globale con sede nel Regno Unito)

2.1 Astronomia e matematica nell'Antico Egitto

Il sito proto-egiziano di Nabta, che sembra collegato ai solstizi, può testimoniare un tipo di astronomia con un importante significato religioso. Sebbene il legame con la religione, come al solito per gli antichi popoli, fosse molto stretto anche per gli Egizi, essi tuttavia mostravano un approccio molto pratico rispetto a questa disciplina, dato dalla necessità di sfruttare l'osservazione dei corpi celesti per risolvere il problema agricolo per eccellenza, cioè il periodo delle ricorrenti inondazioni del Nilo.

I documenti disponibili suggeriscono che nell'antico Egitto l'ascesa eliaca di Sirio (il termine "ascesa eliaca" significa che un oggetto nel cielo sorge al mattino, appena prima del Sole) era regolarmente osservata e registrata, e rappresentava

Figura 2.2 Il doppio murale della tomba di Senenmut, risalente alla 18a Dinastia dell'antico Egitto (circa 1473 a.C.) e raffigurante costellazioni circumpolari sotto forma di dischi. Alcune delle principali figure e stelle viste nel diagramma sono Sirio, Orione, Orsa Maggiore e Drago

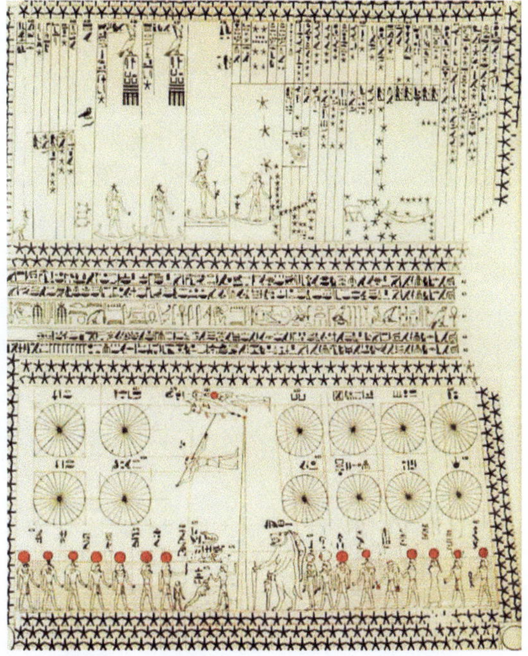

una parte integrante del calendario agricolo egiziano perché questo evento preannunciava l'inondazione del Nilo, un evento di massima importanza per l'economia agricola del popolo.

Purtroppo non ci sono molti papiri che mostrano i loro metodi di osservazione, ma si trovano in cambio un numero importante di documenti con contenuti matematici, il che potrebbe spiegare perché Aristotele, nella sua Metafisica, scrisse che gli Egizi erano i più grandi matematici della storia.

Uno degli esempi più importanti in questo campo è dato dal Papiro di Rhind (acquistato da un avvocato scozzese nel 1858 a Luxor) trascritto dallo scriba Ahmes, che era un matematico sotto il Regno Hyksos di Apophis, intorno al 1550 a.C. da un documento ora perduto risalente a circa 400 anni prima.

Scritto molto probabilmente con scopi didattici, è strutturato come una sorta di manuale diviso in cinque sezioni: aritmetica, stereometria, geometria, calcolo delle piramidi e un insieme di risoluzioni di problemi pratici per una combinazione di 87 problemi.

Un altro documento matematico, il Papiro matematico di Mosca (circa 1850 a.C.) pone un problema altamente complesso, quello del calcolo del volume della piramide tronca, che verrà risolto solo al tempo di Euclide 1550 anni dopo.

L'astronomia egiziana, come quella dei babilonesi, copre un'epoca molto lunga che si estende almeno dal Vecchio Regno fino ai primi secoli dell'era comune, includendo quindi il periodo ellenistico di circa cinque secoli quando, grazie alla

Figura 2.3 Lo Zodiaco di Dendera riprodotto su uno dei soffitti del Sala mitologica del Museo Egizio (Neues Museum) a Berlino. Crediti: Creative Commons Attribution 2.0 Generic (Jean-Pierre Dalbéra)

forza e alla saggezza dei conquistatori greci, le conoscenze di queste tre culture si fusero e influenzarono ulteriormente l'una con l'altra.

Ad esempio, a partire dal 300 a.C. i primi zodiaci babilonesi-egizi appaiono sui soffitti dei templi, il più famoso dei quali è quello di Dendera.

Inoltre, documenti scritti in greco e demotico (geroglifici corsivi) su argomenti astronomico-astrologici, possono essere datati intorno al 200 a.C., e un altro papiro datato 144 d.C. mostra le fasi della Luna.

2.2   Opere

Si sa poco sull'attività astronomica di Aganice, ad eccezione dei suoi tentativi di predire il futuro usando globi celesti e dei suoi studi sulle costellazioni; tuttavia questo deve essere inserito nel contesto di come la scienza era intesa in questa civiltà.

Gli Egizi erano interessati principalmente agli aspetti pratici della scienza. Sacerdoti e sacerdotesse dei templi sacri usavano la matematica e l'astronomia principalmente per affrontare questioni concrete, come la definizione del calendario agricolo, l'irrigazione, la conservazione del grano, o l'orientamento di obelischi e il taglio dei blocchi di pietra utilizzati per i loro imponenti templi e monumenti.

Purtroppo non sono stati trovati documenti, come il Papiro di Rhind per la matematica, riguardanti le loro conoscenze astronomiche. Quello che sappiamo di questo argomento proviene dal cosiddetto "Libro di Nut", un trattato sull'astronomia religiosa che contiene anche una descrizione delle osservazioni astronomiche, e da dipinti e iscrizioni trovate in diverse tombe e sarcofagi.

È da questo materiale che, ad esempio, sappiamo degli "orologi stellari diagonali", un metodo di misurazione del tempo che apparve per la prima volta nel Vecchio Regno e che faceva uso delle effemeridi delle stelle.

Studi sull'orientamento delle piramidi e lo sviluppo di strumenti come la clessidra e l'orologio ad acqua, il merkhet (vedi "Fatti curiosi") e gli orologi solari aiutano a gettare luce su vari aspetti della conoscenza astronomica egiziana, ma le prove osservative appaiono sempre in forma pittorica.

Deve essere sottolineato, tuttavia, che il modo in cui la scienza era intesa nell'antichità era abbastanza diverso da ora, e scienza e religione erano strettamente connesse. L'inclinazione pratica degli Egiziani quindi comprendeva anche tratti religiosi perché la previsione del futuro (quello che oggi chiameremmo astrologia) non era così diversa dalla previsione delle inondazioni del Nilo. Erano entrambi intese come un'interpretazione della volontà degli Dei.

L'attività di Aganice può quindi essere interpretata in questo senso più ampio. Inoltre, bisogna tenere conto che l'astronomia egiziana era abbastanza influenzata da quella dei babilonesi, a cui possono essere attribuiti molti importanti scoperte astronomiche, come abbiamo visto nel capitolo su En-Heduanna, ma anche l'"invenzione" dello Zodiaco e dell'astrologia nel senso in cui è intesa oggi.

2.3 Fatti Curiosi

Secondo alcune fonti, il principale strumento astronomico degli Egizi era il merkhet. La sua origine è abbastanza remota, risale al 2600 a.C. e il suo semplice design consisteva in una foglia di palma tagliata sulla parte superiore e una squadra con un filo a piombo.

Veniva utilizzato per stabilire l'orientamento di monumenti come templi e piramidi, per osservare il transito in meridiano delle stelle, e per la misurazione dei campi, come anche per determinare l'ora notturna.

Due o più osservatori erano seduti a una certa distanza, uno di fronte all'altro, orientati lungo la direzione nord-sud, tenendo in mano lo strumento; l'intaglio della palma serviva come mirino per puntare le stelle che culminavano attraverso la linea a piombo del quadrante.

Gli osservatori volgevano le spalle al Sud, e un aiutante leggeva l'ora in base alla posizione che la stella aveva sulla tavola. È molto probabile che grazie a questo strumento le piramidi potessero essere allineate con un grado di precisione molto alto rispetto ai punti cardinali. La piramide di Khufu, ad esempio, ha un errore di soli 3 minuti di arco!

2.4   Cosa dissero di lei

In una poesia di Siv Cedering, si immagina che la famosa astronoma Caroline Herschel ricordi Aganice come una delle sue sorelle dimenticate dal passato. Tuttavia, poiché è citata per essere stata accusata di stregoneria, è più probabile che l'autore si riferisca ad Aglaonike di Tessaglia invece, come vedremo più avanti.

Capitolo 3
Teano (Sesto Secolo a.C.)

Je vous adore, ô ma chère Uranie!
Pourquoi si tard m'avez-vous enflammé?

(Voltaire, Épîtres, stances et odes)

Nonostante gli ostacoli che le donne dovevano affrontare per accedere alla conoscenza scientifica in una società greca fortemente misogina, ci sono prove di contributi femminili che possono essere datati tra i secoli settimo e sesto a.C. Provengono dalla scuola pitagorica, che rappresenta un caso molto particolare tra le istituzioni educative di questa civiltà, anche perché entrambi i sessi erano ammessi tra i loro membri e tra le donne la più famosa è Teano, anche se sono noti diversi altri membri femminili di questa scuola.

Siamo nella cosiddetta "Magna Graecia" (che in latino significa "Grande Grecia") e precisamente nell'attuale città italiana di Crotone, Calabria. Qui Teano nacque intorno al 550 a.C., quando la città aveva ancora il suo nome originale di Kroton. Era un membro della scuola pitagorica, che fu fondata nella sua città natale nel 525 a.C., ma sebbene sia ben noto che Teano divenne un'importante filosofa, matematica, astronoma e medico di questa scuola, altre informazioni su di lei sono frammentarie.

Anche i suoi registri familiari sono incerti, infatti alcune fonti la riportano come moglie o figlia di Pitagora, mentre altri sostengono che fosse la figlia di Brontino, un influente rappresentante dell'aristocrazia della città.

3.1 La Scuola Pitagorica e la sua astronomia

Pitagora, sacerdote e scienziato greco, visse nel VI secolo a.C. ed è stato uno dei primi e più vigorosi sostenitori della natura matematica dell'ordine cosmico. Praticando la musica oltre allo studio della natura, iniziò a chiedersi se, come quella dei suoni, l'armonia delle leggi naturali potesse essere basata sui numeri.

© The Author(s), under exclusive license to Springer Nature Switzerland AG 2025
G. Bernardi, *Le sorelle dimenticate*, https://doi.org/10.1007/978-3-031-98547-8_3

Figura 3.1   I pitagorici celebrano l'alba, di Fyodor Bronnikov (1869)

Tale analogia era basata sull'osservazione che i suoni prodotti da strumenti a corda sono percepiti come armoniosi quando le lunghezze delle corde sono rapporti semplici tra coppie di interi: 1 e 2 per l'ottava, 2 e 3 per la quinta, 3 e 4 per la quarta.

I numeri potrebbero quindi appartenere a un mondo oltre la percezione, che potrebbe essere letto solo con un pensiero. La sua audace conclusione era che i primi numeri 1, 2, 3 e 4 fossero la fonte di tutti gli oggetti conosciuti, corrispondenti al punto (numero 1), alla linea (2), al triangolo equilatero (3), e al tetraedro (4) cioè la piramide con quattro triangoli equilateri come facce rispettivamente.

Secondo alcune fonti a Pitagora è anche attribuita l'introduzione dei cinque solidi "pitagorici" o poliedri, in seguito chiamati "solidi platonici" in onore del famoso filosofo ateniese. Questi includono, oltre al già menzionato tetraedro, il cubo, l'ottaedro, costituito da otto triangoli equilateri, il dodecaedro, formato da 12 pentagoni, e l'icosaedro, che ha venti triangoli equilateri. Rappresentati come punti, i numeri 1, 2, 3 e 4 formano un triangolo equilatero con quattro file di punti chiamato tetraktys pitagorico, da tetras, cioè quattro in greco.

Per Pitagora, questi rapporti numerici e geometrici rappresentavano l'essenza razionale di un mondo composto da quattro elementi, Terra, Acqua, Aria e Fuoco, scandito da quattro stagioni, orientato secondo i quattro punti cardinali e attraversato da quattro fiumi: il celeste Pihon, il Gihon, il Tigri e l'Eufrate.

I seguaci di Pitagora giuravano fedeltà a "colui che ha affidato alla nostra anima la tetraktys, la fonte e la radice originale della natura eterna". La somma degli interi della tetraktys è 10, il numero che i pitagorici consideravano perfetto.

Quando si raggiungeva il dieci, si tornava a 1, il numero della creazione. Questi per Pitagora erano i numeri struttura dell'universo, esistenti indipendentemente da noi nella realtà, ma anche una chiave intellettuale che ci permette di percepire e comprendere l'armonia universale.

Si dice che Pitagora avesse consultato l'Oracolo del Dio Apollo a Delfi che aveva predestinato la città di Crotone come sede della sua scuola, e che fosse nata per volontà di quel dio. La città di Crotone sembrava adatta ai suoi scopi, poiché aveva sviluppato una notevole cultura scientifica e medica, e qui Pitagora riuscì a guadagnare il favore del popolo grazie alla sua conoscenza.

La scuola poteva anche essere frequentata da donne in condizioni di pari opportunità, e offriva due tipi di lezioni: pubbliche e private.

Nelle lezioni pubbliche, seguite dal popolo comune, l'insegnante spiegava la sua filosofia nel modo più semplice possibile, in modo che tutti potessero capire i suoi principi basati sui numeri, mentre le lezioni private erano date al livello più alto, e vi partecipavano membri già familiari con gli argomenti matematici più complessi. In questo senso la scuola di Crotone, fondata da Pitagora, ereditava un carattere misterioso, ma sviluppava anche un ampio interesse in filosofia, matematica, astronomia e musica.

Per quanto riguarda l'astronomia, i pitagorici ponevano, al centro dell'Universo, un immenso fuoco chiamato Hestia. Questo ha una ovvia somiglianza con il Sole, che però era raffigurato come una enorme lente che riflette quel fuoco, illuminando tutti gli altri pianeti.

Il Sole e tutti gli altri pianeti orbitano in cerchi attorno a questo fuoco centrale. Il primo oggetto in ordine di distanza è la Contro-Terra, poi la Terra, che non è a riposo al centro dell'Universo, ma è solo un pianeta tra gli altri, poi il Sole, la Luna, i cinque pianeti (Mercurio, Venere, Marte, Giove, Saturno) e infine il cielo delle stelle fisse. L'idea dell'esistenza della Contro-Terra è probabilmente nata con la necessità di spiegare l'eclissi.

Muovendosi secondo precisi rapporti matematici, i pianeti generano un suono sublime e sofisticato. Gli esseri umani percepiscono queste armonie celesti, ma non possono sentirle chiaramente perché sono stati immersi in tali suoni fin dalla loro nascita. La scuola aveva una profonda venerazione verso la sfera, che era considerata la rappresentazione materiale dell'armonia poiché tutti i suoi punti sono equidistanti dal centro.

3.2 Opere

Diversi contributi di carattere scientifico sono attribuiti a Teano, ma purtroppo non si può fare una precisa attribuzione a riguardo. Questo è in parte dovuto a una condotta alquanto settaria della scuola, che impose il segreto ai suoi membri su specifici argomenti.

Abbiamo già visto questo carattere in azione quando abbiamo sottolineato le incertezze sul grado di parentela di Teano con Pitagora stesso. Un altro motivo è che tutti gli scritti dei discepoli erano firmati da Pitagora stesso, e quindi erano spesso attribuiti al fondatore.

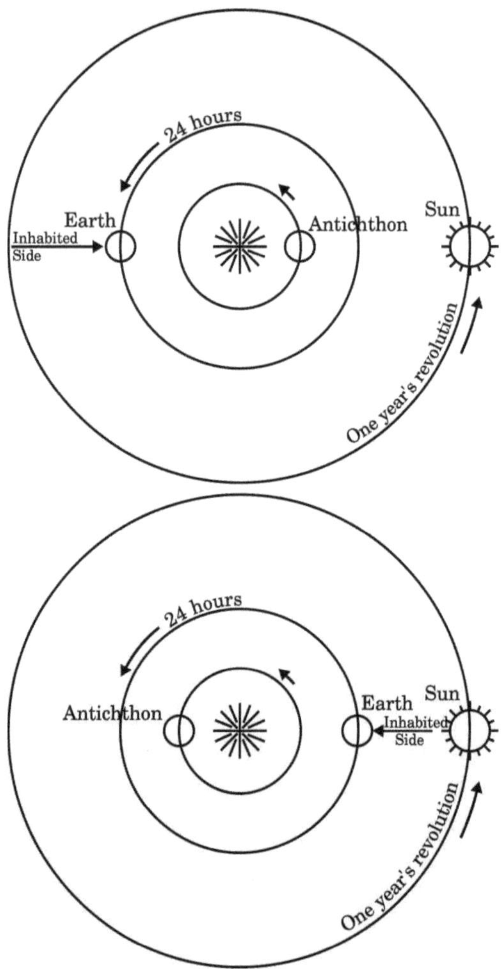

Figura 3.2 Il sistema astronomico pitagorico

Nonostante queste difficoltà, sette lettere scritte da questa filosofa femminile sono considerate autentiche. Il loro contenuto non riguarda la cosmologia o la medicina. Piuttosto, sono una sorta di manuale di comportamento per le giovani spose.

Questo è abbastanza interessante poiché può ancora essere considerato all'interno del quadro della scuola pitagorica. Infatti, le donne erano considerate diverse dagli uomini, anche se da quanto abbiamo visto sopra tali differenze non devono necessariamente essere interpretate come un segno di inferiorità.

Di conseguenza, alle donne venivano insegnate competenze domestiche per la gestione della casa oltre alla filosofia, il che spiega perché queste lettere possono essere interpretate nel contesto della scuola. I consigli dati qui sono di caratteri diversi: dal comportamento appropriato verso i figli a quello all'interno di una coppia sposata, o dal modo corretto nell'amministrazione della casa familiare alla gestione dei servi.

Tra i contributi attribuiti a Teano, nonostante le difficoltà sopra descritte, alcuni sono intitolati "Cosmologia" e "Costruzione dell'Universo". Queste opere descrivono un Universo costruito attraverso numeri e proporzioni semplici, secondo i precetti della filosofia pitagorica, e possiamo trovare qui il modello astronomico e cosmologico descritto nella sezione precedente.

Infine, mentre è molto probabile che Teano avesse prodotto altri trattati su matematica, cosmologia, fisica o medicina, non è sopravvissuta traccia di essi.

3.3   Fatti curiosi

Nonostante il legame poco chiaro con Pitagora, è indubbio che Teano sia diventata una scienziata di spicco e un membro prominente della Scuola, e alcune fonti riportano che lei gli succedette, alla sua morte, nella direzione di questa setta nel quinto secolo a.C.

Aveva diverse discepole, tra cui le sue figlie Damo e Arignote, che l'aiutarono a diffondere il sistema filosofico e religioso pitagorico ad altre donne e in vari paesi, viaggiando anche in Grecia e Egitto.

Ancora una volta, tuttavia, i rapporti tra queste donne sono spesso confusi. Alcune di loro, come Fintis, possono essere certamente identificate come sue allieve, ma ad esempio Mia (o Myia) è ricordata come una figlia di Pitagora, anche se probabilmente era solo una delle sue discepole. Anche Arignote, secondo alcune fonti, non era una vera figlia, e lo stesso destino è attribuito a un'altra delle sue presunte figlie Melissa, che scrisse sui diritti delle donne.

3.4   Cosa dissero di lei

Teano è considerata la cosmologa più famosa della scuola pitagorica, così come un'eccellente guaritrice. Infatti, nel campo medico le sono attribuiti alcuni concetti che saranno ripresi dalla fisiologia nei secoli successivi.

Un esempio può essere trovato in una teoria del corpo umano come una copia microcosmica del macrocosmo costituito dall'intero Universo, un concetto che sarà ripreso durante il Medioevo dalla Badessa Ildelgarda di Bingen, che apparirà più avanti in questo libro.

Capitolo 4
Aglaonike (V a.C. o 200 a.C.)

Sì, come la Luna obbedisce ad Aglaonike

(Proverbio greco beffardo)

Il suo nome significa "vittoria splendente" o "vittoria della luce", ma oltre a questo si sa molto poco su Aglaonike, chiamata anche Aglonice, che nacque e visse in Tessaglia.

Secondo alcune fonti è considerata la prima donna astronoma e infatti Aglaonike era un maestra nell'arte di prevedere le eclissi, essendo in grado di determinare l'esatto momento e i luoghi delle eclissi lunari.

A questo proposito era apparentemente consapevole del ciclo lunare di circa 18 anni, chiamato Saros, scoperto dagli antichi astronomi babilonesi.

Nonostante le affermazioni di Platone a favore dell'educazione delle donne, le donne non godevano degli stessi diritti degli uomini. Al contrario, la società greca era fortemente guidata dagli uomini, ma nonostante ciò il padre di Aglaonike non ostacolò gli interessi della figlia, permettendole di studiare l'astronomia babilonese che aveva descritto accuratamente i cicli lunari.

Con questa conoscenza riuscì a prevedere con successo le eclissi di Sole e Luna definendo esattamente i loro tempi e luoghi.

I suoi contemporanei furono impressionati dalle sue previsioni, e non essendo in grado di capire la sua conoscenza, la consideravano una strega, mentre in altri casi le sue abilità e il fatto di essere una donna erano causa di grande ostilità.

4.1 Astronomia Greca

Riferimenti alla conoscenza astronomica si possono trovare anche nel testo dell'Odissea di Omero quando il poeta cita alcune costellazioni come il Grande Carro o Orione e l'ammasso delle Pleiadi, descrivendo come le stelle fossero usate per la navigazione.

Altri esempi si trovano nelle opere di Esiodo, dove riporta informazioni che possono essere utilizzate per determinare il momento migliore per arare, seminare e

Figura 4.1 Un'"Eclissi Solare" ripresa dagli astronauti dell'Apollo 12

mietere. Talete di Mileto e Pitagora di Samo sono filosofi che hanno fornito significativi contributi scientifici, ma non sono sopravvissuti documenti scritti su questo
argomento, e la storia che Talete ha correttamente previsto l'eclissi totale del Sole
il 28 maggio 585 a.C. deve probabilmente essere considerata una leggenda.

Nel 450 a.C. i Greci iniziarono a studiare con successo il moto dei pianeti e nel
quinto secolo a.C. Filolao fu un sostenitore della teoria pitagorica, proponendo che
la Terra, il Sole, la Luna e i pianeti si muovessero attorno a un fuoco centrale; la
Terra compiendo un'orbita completa attorno al fuoco ogni 24 ore, spiegava il moto
giornaliero del Sole e delle stelle.

Circa un secolo dopo, nel 370 a.C., Eudosso di Cnido spiegò i movimenti delle
stelle e quelli del Sole, della Luna, e dei pianeti supponendo che le stelle fossero
posizionate sulla superficie interna di una enorme sfera che ruotava attorno alla
Terra in 24 ore, e utilizzando altre sfere trasparenti più piccole di questa, ruotando
con diverse direzioni e velocità, per gli altri corpi celesti.

Questo fu all'origine del modello astronomico geocentrico che fu accettato per
quasi 2000 anni, ma i Greci produssero altri e diversi modelli astronomici. Circa
100 anni dopo Aristarco di Samo propose che il movimento quotidiano delle stelle

era dovuto alla rotazione della Terra attorno al suo proprio asse una volta al giorno, e che il nostro pianeta, come gli altri, stava orbitando attorno al Sole. Questa teoria eliocentrica sarebbe stata ripresa solo molti secoli nel futuro, con Copernico e Galileo Galilei.

Durante il terzo secolo a.C., invece, Apollonio di Perga introdusse i concetti di Epicicli e Deferenti nel modello originale di Eudosso per spiegare fenomeni come il moto retrogrado dei pianeti e la velocità variabile della Luna, mentre Tolomeo, che visse nel secondo secolo d.C., estese ulteriormente questo modello utilizzando il concetto di Equante che gli permise di spiegare la variazione di velocità nel moto planetario, producendo così previsioni più accurate delle loro effemeridi.

Per testare le loro teorie, i Greci effettuarono anche osservazioni astronomiche che furono organizzate in tabelle celesti, producendo i primi cataloghi stellari "moderni", come quelli di Ipparco di Nicea o di Tolomeo, mostrando la posizione di oltre 1000 stelle.

Nei secoli successivi, la tradizione dell'astronomia greca fu mantenuta viva da altri filosofi. Tra questi possiamo trovare Ipazia, che visse ad Alessandria d'Egitto, durante i primi secoli dell'era cristiana. Una seguace di Platone, oggi è considerata la prima importante scienziata dell'Occidente, ma ne parleremo presto.

4.2 Opere

Le eccezionali abilità di Aglaonike furono attribuite alle arti magiche, piuttosto che a un'esperienza scientifica, e probabilmente il fatto di essere una donna ha ulteriormente incoraggiato tali credenze, rendendo ancora più incredibili e straordinarie le sue abilità in una società in cui le donne erano solitamente represse e potevano emergere solo come sacerdotesse o streghe.

Pertanto, sebbene le sue abilità derivassero da effettive conoscenze scientifiche, era piuttosto considerata dal popolo come una sorta di strega che poteva esercitare potere sugli altri attraverso la paura suscitata dall'apparente controllo dei fenomeni naturali.

4.3 Fatti curiosi

Nell'anno 77 d.C., Plinio scrisse: "Da molto tempo è stato trovato un modo per prevedere eventi cronologici in anticipo, non solo quelli relativi a il giorno e la notte, ma anche il momento delle eclissi del Sole e della Luna. Eppure è radicata in una grande parte del popolo la primitiva credenza che questi fenomeni siano causati da stregoneria ed erbe, e che questa scienza, l'unica che appartiene alle donne, è più credibile di qualsiasi altra cosa." (Naturalis Historia, XXV, 10)

4.4 Cosa dissero di lei

È la prima donna astronomo menzionata nel poema "Lettera da Caroline Herschel" di Siv Cedering.

Il periodo in cui Aglaonike visse effettivamente è incerto. È datata al quinto secolo a.C., secondo alcune fonti, o intorno al 200 a.C. secondo altre. Plutarco in *Conjugalia Praecepta* 48, 145c e *De Defectu oraculorum* 13, 417a e Apollonio di Rodi in *Scholia* AR. 4.59 riportano che era una figlia di Egetore o Egamone di Tessaglia.

Alcune fonti la descrivono come una strega che poteva far sparire la Luna a suo piacimento, seguendo una comune e magica interpretazione delle eclissi lunari. Infatti, a causa delle superstizioni del tempo, tutti coloro che erano familiari con i fenomeni astronomici, come i periodi della luna piena e i cicli delle eclissi, erano considerati dal popolo come persone che "fanno sparire la Luna". Per questo Aglaonike era anche chiamata "La Strega di Tessaglia".

Uno dei crateri su Venere è stato chiamato Aglaonike.

Capitolo 5
Ipazia di Alessandria (355 o 370 ca. –415)

> *Divenne molto più brava del suo maestro soprattutto nell'arte di osservazione delle stelle.*
>
> *(Filostorgio, storico e contemporaneo di Ipazia)*

Bella, molto istruita e saggia, Ipazia nacque ad Alessandria, Egitto, in un'epoca in cui le donne non erano considerate persone, ma suo padre Teone, Rettore della Biblioteca di Alessandria, si prese cura della sua educazione per farne "un essere umano perfetto".

Approfondì i suoi studi ad Atene e in Italia, e divenne una filosofa, una matematica e un'astronoma, succedendo a suo padre all'età di 31 anni alla guida della più famosa antica Accademia.

Una pagana e una convinta sostenitrice della distinzione tra religione e conoscenza, Ipazia fu uccisa in un'imboscata ordita da un gruppo di fanatici cristiani, legati al vescovo Cirillo, allora Patriarca di Alessandria, nel 415 d.C.

5.1 Alessandria d'Egitto

"Alessandria è il fiore di tutte le città ed è famosa per molti splendidi monumenti, grazie al suo grande fondatore e architetto Dinocrate. [...]" Così la città appare agli occhi del viaggiatore e storico Ammiano Marcellino, che la visitò tra il 363 e il 366 d.C. Canta del clima salubre, del magnifico porto con un Faro, i templi, le statue, i colonnati paragonabili a quelli di Roma, ma soprattutto le biblioteche.

La città di Alessandria fu progettata e costruita in un tempo molto breve da Alessandro Magno nel 331 a.C. e governata dai Tolomei. Il grande porto orientale della città si affacciava sul quartiere Reale: il Bruchion. All'interno si trovava il Museo con la Biblioteca ad esso annessa, ed era uno dei più celebrati centri di ricerca scientifica, letteraria e filosofica del mondo ellenistico che, anche nel quarto secolo d.C., manteneva vive tali antiche tradizioni.

Infatti lo storico, oltre alla sua descrizione della città, ci lascia una preziosa testimonianza dell'attività scientifica di Alessandria: "Qui tutto ciò che giace nascosto

G. Bernardi, *Le sorelle dimenticate*, https://doi.org/10.1007/978-3-031-98547-8_5

Figura 5.1 Ritratto di Ipazia
disegnato da Jules Maurice
Gaspard (1862–1919)

viene portato alla luce dal raggio geometrico. Tra di loro la musica non è ancora
del tutto estinta, né l'armonia tace, e sebbene rari, qualcuno ha di nuovo ravviva-
to lo studio dei movimenti del mondo e delle stelle, mentre altri sono esperti nella
scienza dei numeri; inoltre, alcuni sono esperti della dottrina che indica le vie del
destino".

Quindi nel quarto secolo d.C., Alessandria era ancora attiva non solo nello studio
della geometria e della matematica, della musica, dell'armonia e dell'astronomia,
ma anche nell'astrologia e nella divinazione.

5.2   Chi Era Ipazia

Il padre di Ipazia, Teone, era un matematico, erede di una delle più grandi e du-
rature scuole di tutti i tempi: la scuola matematica fondata da Euclide all'inizio
del terzo secolo a.C.. Divenne più noto per i suoi studi astronomici e la sua presenza alla scuola matematica è attestata dai resoconti di due eclissi che lui osservò ad Alessandria nel 364: l'eclissi solare del 16 giugno e un'eclissi lunare il
26 novembre.

Per capire il contesto in cui Ipazia e Teone lavoravano, bisogna ricordare che la
scuola ellenistica (di cui Alessandria è il centro più noto) ha prodotto il più grande
corpus di conoscenza scientifica del mondo antico. Questo includeva fondamentali opere matematiche come gli Elementi di Euclide o le Coniche di Apollonio
di Perga così come i trattati di Archimede o l'Arte Aritmetica di Diofanto, la più
grande opera aritmetica del mondo greco, che è all' origine di un tipo di ricerca

matematica ancora studiata come "analisi diofantina". La matematica basata sulla geometria ellenistica era largamente applicata alle scienze fisiche, e in particolare all'Astronomia. La prima ipotesi eliocentrica conosciuta fu fatta da Aristarco.

Ipparco era uno degli astronomi più rinomati dell'antichità, e la sua tradizione fu in parte recuperata circa 300 anni dopo da Tolomeo, un astronomo, matematico e geografo alessandrino del secondo secolo d.C., autore della monumentale compilazione matematica conosciuta come Sistema Matematico o Almagesto, la teoria geocentrica che durò per tutto il Medioevo fino alla "Rivoluzione Copernicana".

Nel corso dei secoli, queste opere avevano bisogno di essere aggiornate; venivano così prodotti i cosiddetti "commentari": libri che potevano trasmettere questa conoscenza alle prossime generazioni in un modo appropriato e comprensibile, con aggiornamenti e controlli basati sulle osservazioni più recenti.

Teone leggeva, insegnava e commentava tutto il Sistema Matematico di Tolomeo ed era uno specialista nell'arte dell'osservazione delle stelle. Egli era l'autore di opere originali come "Sull'inondazione del Nilo" e "Sul sorgere del Cane", un modo greco di riferirsi a Sirio, che gli antichi Egizi associavano alla dea Iside, e che era di fondamentale importanza per l'inondazione annuale del Nilo. In particolare, nel terzo libro del Commentario di Teone sul Sistema Matematico di Tolomeo, cita osservazioni dell'ascesa eliaca di questa stella (una stella ha un ascesa eliaca quando sorge pochi momenti prima del Sole) e dell'anno Sotico (un particolare periodo egiziano di 1461 anni).

Per quanto riguarda i commentari, poco di ciò che ha scritto è sopravvissuto ai nostri giorni. Di uno di essi, il "Commentario sul piccolo astrolabio", del quale conosciamo quasi solo il titolo, mentre il "Commentario sulle tabelle facili di Tolomeo" è la sua unica opera completamente conservata.

Ipazia nacque ad Alessandria poco dopo la metà del quarto secolo d.C., in una delle famiglie più rinomate della città, che le diede l'opportunità di accedere alla conoscenza nonostante il suo sesso. Non si sa nulla di sua madre, ma sappiamo che aveva un fratello di nome Epifanio perché suo padre gli dedicò il suo piccolo commentario su "Le tabelle facili", probabilmente per introdurlo allo studio dell'astronomia, ed è probabile che anche il IV libro del "Grande commentario" fosse dedicato a lui.

Filostorgio, storico della Chiesa e contemporaneo di Ipazia, scrive che lei "apprese da suo padre le scienze matematiche, ma divenne molto migliore del suo maestro nell'arte dell'osservazione delle stelle". Altre fonti descrivono Ipazia come "di natura più nobile di suo padre, non si accontentava della conoscenza che viene attraverso le scienze matematiche, a cui lui l'aveva introdotta, ma non senza elevazione di mente, si dedicò alle altre scienze filosofiche".

Ipazia, infatti, approfondì i suoi studi ad Atene e in Italia. Era ammirata per la sua bellezza e la sua saggezza, ma non si sposò mai. All'età di 31 anni, succedette a suo padre nel ruolo di guida e insegnante della comunità scientifica del famoso Museo di Alessandria.

5.3   Il Museo

Il Museo di Alessandria fu fondato da Tolomeo Soter nel 280 a.C., diventando immediatamente un importante centro di attività culturale. Originariamente, data la sua associazione con il culto delle Muse, il Museo assomigliava molto da vicino all'organizzazione dell'antica Accademia di Platone, e del Liceo di Aristotele, cui apparentemente si ispirava. Era guidato da un sacerdote, nominato dai Tolomei, capo dell'aspetto religioso della comunità e un Presidente con compiti amministrativi e di supervisione dei fondi dell'istituzione.

Le lezioni si tenevano per lo più come discussioni e conversazioni informali; dibattiti, conferenze e simposi erano frequenti e tipici, accompagnati da scherzi, epigrammi e problemi proposti al pubblico, che includevano anche i Re e le Regine tolemaici.

Gli edifici, sontuosamente arredati dai Tolomei, includevano un refettorio comune, un'esedra per dibattiti e conferenze e un "Peripatos" (portico) ombreggiato da alberi. Sebbene non ci siano fonti per una conferma, è probabile che le lezioni si tenessero anche in questi luoghi.

I Tolomei costruirono anche due grandi biblioteche: la prima era annessa al Museo; l'altra, chiamata anche "figlia del Museo", si trovava nel Serapeo. La Biblioteca Interna, che era la più antica e grande, conservava circa quattrocentomila volumi "composti", cioè contenenti una o più opere di vari autori, e novantamila volumi "semplici". La Biblioteca Esterna, più piccola, ospitava circa quarantamila volumi. Faceva parte del più ampio complesso museale di Alessandria, che includeva anche l'Anfiteatro di anatomia e l'Osservatorio.

Le biblioteche e il Museo diventarono i più grandi centri culturali dell'antichità, nutrendo l'attività scientifica di molte persone come Eratostene, uno degli scienziati che fiorì nel terzo secolo a.C. in questa istituzione che stimò la circonferenza della Terra con un errore di soli 300 chilometri su 40.000.

Diversi scienziati gli succedettero in questa scuola e l'ultimo fu una donna: Ipazia. Questa struttura ha anche giocato un ruolo fondamentale nella trasmissione della conoscenza scientifica e di tutta la cultura in generale, e sebbene la loro distruzione sia spesso attribuita alla conquista araba del settimo secolo d.C., è ora accertato che questo fu solo il colpo finale a un complesso gravemente deteriorato.

Il primo era stato dato già nel 150 a.C. dal re Tolomeo VIII durante il periodo di guerra civile e rivolte coincidenti con l'ascesa dell'influenza di Roma in queste regioni. Poi nel 47/48 a.C. la Biblioteca Interna fu gravemente danneggiata durante il conflitto con Giulio Cesare, e circa un terzo dei volumi furono bruciati, mentre nel 392 d.C. i cristiani bruciarono molti di quelli rimasti.

Figura 5.2 Rappresentazione artistica della Biblioteca di Alessandria

5.4 Opere

Le ricerche e gli studi di Ipazia erano fortemente orientati verso l'insegnamento, la trasmissione e il commento dei testi antichi, infatti, il già citato storico Filostorgio dice che Ipazia "introdusse molti alle scienze matematiche" e che "divenne molto migliore del suo maestro nell'arte dell'osservazione delle stelle".

Per quanto riguarda il primo, si sa che Ipazia insegnò ad Alessandria continuamente per più di 20 anni: intorno al 393 Sinesio, un giovane dell'aristocrazia di Cirene (l'odierna Libia), arrivò nella metropoli egiziana attratto dalla sua fama; da quella data l'attività pedagogica di Ipazia è attestata fino al giorno del suo assassinio, nel marzo 415.

D'altra parte, la più antica testimonianza del lavoro scientifico di Ipazia si trova nella stessa opera di Teone che, nell'intestazione del terzo libro del suo commentario sul Sistema Matematico di Tolomeo, scrive: "Commento di Teone di Alessandria sul terzo libro del Sistema Matematico di Tolomeo. Controllato dalla filosofa Ipazia, mia figlia".

Ipazia scrisse opere originali che, come quelle di suo padre, sono scomparse: un commentario su Diofanto (il padre dell'algebra) di 13 volumi, il Canone Astronomico (una raccolta di tabelle sui corpi celesti), e un commentario sulle Coniche di Apollonio, un trattato di geometria. È deplorevole che non rimanga nulla se non i titoli di alcune delle opere di una scienziata così rinomata nel suo tempo. Tuttavia, questi titoli sono indizi che delineano una traiettoria teorica, e le nostre fonti hanno tramandato l'assicurazione che Ipazia scrisse un'opera astronomica originale.

Apparentemente aveva completato test e osservazioni che non possono semplicemente essere posti al margine del Sistema Matematico di Tolomeo, già commentato da suo padre, ma richiedevano invece una discussione separata.

Secoli di storia della Chiesa, o forse sarebbe più corretto dire "secoli di dominio del potere ecclesiastico", hanno portato molte generazioni a credere che il Sistema Tolemaico avesse detto l'ultima parola sulle geografie celesti. Fu durante questi secoli, infatti, che il Sistema Matematico iniziò ad essere chiamato (e conosciuto) con il titolo "Almagesto" ("Il più grande"), un termine coniato dagli Arabi dal greco nel chiamare queste compilazioni "Il grande sistema".

L'obiettivo principale della tradizione matematica alessandrina era lo studio del movimento delle stelle, ma questo obiettivo è raramente reso esplicito. Rispetto a questa tradizione, il titolo scelto da Ipazia (Canone Astronomico) rappresenta un'innovazione, e sembra indicare che le misure che ha effettuato, e testato lei stessa e da coloro che lavoravano con lei, l'avessero convinta che era possibile spostare il punto di vista della scienza tardo ellenistica, mettendo più enfasi sull'applicazione finale dei suoi studi, rispetto alla tradizionale preminenza data agli aspetti geometrici e matematici di tali soggetti. In questo senso sembra recuperare una pratica già utilizzata da autori come Archimede e Ipparco.

Quello che è noto è che ha commentato le Coniche di Apollonio e l'Aritmetica di Diofanto, opere che sono, ciascuna nel loro campo (rispettivamente la geometria e l'aritmetica), le massime espressioni della scuola di Alessandria.

In questo modo Ipazia ha combinato due interessi diversi e distinti: la geometria classica e questa parte di aritmetica sviluppata da Diofanto, che in seguito è stata chiamata algebra.

Queste erano discipline separate e indipendenti, e lei era interessata alla scoperta delle leggi del movimento delle stelle, quindi sembra naturale pensare che, con Diofanto, abbia cercato di trovare nuovi metodi quantitativi adatti per risolvere le difficoltà che l'osservazione del cielo continuava a darle. L'applicazione dell'aritmetica alla geometria era un esercizio implicito nell'approccio della scienza che Ipazia aveva appreso attraverso suo padre.

Dal terzo secolo a.C., Apollonio, che oggi è considerato il fondatore dell'astronomia matematica quantitativa, aveva mostrato l'importanza dei metodi aritmetici (che oggi diremmo algebrici) applicati alla geometria. Il suo lavoro ha avuto effetto su quelli di Ipparco, Tolomeo, Teone e tutti gli astronomi che sono stati inclusi nella tradizione delineata da questi nomi. Rispetto a loro, Ipazia sembra sfruttare il lavoro nel campo della teoria dei numeri di Diofanto, che probabilmente visse non prima del terzo secolo d.C.

Non è ora possibile dire quale intuizione avesse spinto Ipazia a cercare l'aiuto dell'Aritmetica di Diofanto, né quale vantaggio avesse poi tratto da questo nuovo e prezioso strumento. Non sappiamo se si muovesse nella stessa direzione di Descartes e Fermat, più di un mille anni dopo, o invece se vedesse una direzione diversa che non possiamo nemmeno immaginare.

Tutto quello che possiamo dire con una certa certezza è quello che, ancora una volta, dice Filostorgio: "che Ipazia aveva scoperto qualcosa di nuovo sul movimento delle stelle e che aveva reso questa nuova conoscenza accessibile agli uomini e alle donne del suo tempo, spiegando le sue nuove osservazioni in un'opera originale che aveva intitolato Canone Astronomico".

Non è impossibile che il suo lavoro, soprattutto se così innovativo rispetto a quello di Tolomeo, sia rimasto ai margini o addirittura incompreso in una scuola che, dopo la morte di Ipazia, ha mantenuto solo un interesse marginale in astronomia.

Oltre agli studi teorici, Ipazia era apparentemente interessata anche alla meccanica e alla tecnologia applicata, e in particolare le viene attribuita l'invenzione o il miglioramento di due strumenti: un idrometro e un astrolabio piatto.

Il primo strumento veniva utilizzato per determinare il peso specifico di un liquido. Era progettato come un tubo sigillato con un peso attaccato a un'estremità che veniva lasciato affondare in un liquido, la cui gravità specifica poteva essere letta su una scala graduata in base a quanto il tubo affondava.

L'astrolabio migliorato progettato da Ipazia, invece, consisteva in due dischi di metallo perforati, che ruotavano uno sopra l'altro con un perno rimovibile: veniva utilizzato per calcolare l'ora, per definire la posizione del Sole, delle stelle e dei pianeti. Sembra che usando questo strumento abbia risolto alcuni problemi di astronomia sferica.

Questa informazione è supportata negli scritti di un testimone prezioso: il suo studente Sinesio che, in una lettera (epistola 154 delle "Epistole di Sinesio" indirizzata a Peone e Ipazia) descrive un astrolabio che ha progettato "basato su quello che è stato insegnato dalla mia venerata maestra", partendo da un'intuizione di Ipparco, poi trascurata da Tolomeo e "dalle divine schiere dei suoi successori".

Nell'Epistola 15, sempre riferendosi alla filosofa Ipazia, si può leggere la seguente significativa richiesta: "Sono in una tale sfortuna che ho bisogno di un idroscopio. Vedo che questo è stato fuso in ottone per me e messo insieme. Lo strumento in questione è un tubo cilindrico, che ha la forma di un flauto ed è circa della stessa dimensione. Ha tacche in una linea perpendicolare, grazie alle quali siamo in grado di testare il peso delle acque. Un cono forma un coperchio a una delle estremità, aderendo strettamente al tubo. Il cono e il tubo hanno una sola base. Questo si chiama baryllium [berillio]. Ogni volta che metti il tubo in un liquido, rimane eretto. Puoi quindi contare le tacche con calma, e in questo modo determinare la gravità specifica dell'acqua" (tradotta da https://www.livius.org/sources/content/synesius/synesius-letter-015/).

Questo riferimento mostra, tra l'altro, che alla scuola di Ipazia, Sinesio aveva imparato a "trasferire la teoria nel mondo materiale", come dice, e quindi a costruire strumenti che potessero aiutare a dimostrare su una base sperimentale le teorie dei loro antichi predecessori, che potrebbe essere interpretato come un tentativo di rivivere il metodo della prima scienza ellenistica.

Questa è certamente un'ipotesi intrigante ma, come già detto, purtroppo la perdita completa delle sue opere rende impossibile mettere questa affermazione su una base solida.

5.5   La Fine

Anche se Ipazia visse in un'epoca in cui le donne erano considerate esseri inferiori, era così celebrata per la sua conoscenza e saggezza che molti affrontavano lunghi viaggi per assistere alle sue lezioni. Non condivideva la sua conoscenza solo con i suoi studenti, ma gli storici riportano che "la donna, gettandosi il mantello e avventurandosi nel mezzo della città, spiegava pubblicamente, a chiunque volesse ascoltare, Platone o Aristotele o le opere di qualsiasi altro filosofo. [...] Poiché questa era la natura di Ipazia, pronta alla discussione nei discorsi, e un'abile politica nell'agire, il resto della città giustamente l'amava e la rispettava, e i leader, ogni volta che era disponibile a occuparsi di questioni pubbliche, erano soliti rivolgersi prima a lei."

Tuttavia, viveva in un'epoca pericolosa, e in una città dove la forte rivalità e confronto tra diverse parti spesso portavano a tumulti violenti. Uno di questi partiti era quello dei cristiani, guidato da Cirillo, vescovo di Alessandria, che iniziò una persecuzione contro i neo-platonisti "eretici" che erano sostanzialmente l'alta società pagana alleata con il governatore romano Oreste, e gli ebrei.

Non si sa se Ipazia prese parte attiva in questa battaglia per il potere, ma era certamente un esponente di spicco della fazione dei "filosofi", e in questo senso un potenziale bersaglio per i cristiani.

Ora tutte le fonti concordano su ciò che è realmente accaduto, ma differiscono su come ricordano i fatti. Secondo il filosofo cristiano Socrate Scolastico, contemporaneo di Ipazia, la filosofa fu attaccata e brutalmente uccisa nelle strade di Alessandria da una folla di fanatici cristiani che poi si scatenarono e infine bruciarono il suo cadavere. Mentre conferma i meri fatti, il filosofo pagano Damascio, vissuto circa un secolo dopo, spiega l'assassinio di Ipazia come una cospirazione organizzata da Cirillo, che le invidiava la fama e aveva paura della sua influenza sulla città. Secondo questa versione successiva, fu lo stesso Cirillo a mandare la folla, ordinando l'omicidio di Ipazia nel 415 d.C.

Qualunque sia la verità, il suo assassinio segnò la fine e la dispersione della scuola che faceva riferimento alla filosofa greca, che infatti è ricordato nella storia come l'ultima grande astronoma alessandrina. Apparentemente Cirillo voleva distruggere tutto, anche cancellando la memoria dell'astronomo matematico di Alessandria. Il poco che è stato salvato è stato saccheggiato dai Crociati nella biblioteca di Costantinopoli (Istanbul) e oggi è conservato a Roma, nella Biblioteca Vaticana.

Figura 5.3 "Morte della filosofa Ipazia, ad Alessandria". Questa particolare versione proviene dal libro "Vies des savants illustres, depuis l'antiquité jusqu'au dix-neuvième siècle", di Louis Figuier, pubblicato per la prima volta nel 1866

5.6 Cosa dissero di lei

Filostorgio, storico della Chiesa e contemporaneo di Ipazia, scrive che lei "apprese dal padre le scienze matematiche, ma divenne molto migliore del suo insegnante soprattutto nell'arte dell'osservazione delle stelle" e "introdusse molti alle scienze matematiche."

Altre fonti la descrivono come "di natura più nobile del padre, non si accontentava della conoscenza che viene attraverso le scienze matematiche a cui era stata introdotta da lui ma, non senza elevazione di mente, si dedicò alle altre scienze filosofiche."

La testimonianza più antica dell'attività scientifica di Ipazia è nello stesso lavoro di Teone; nell'intestazione del terzo libro del suo commentario sul Sistema Matematico di Tolomeo, scrive: "Il commentario di Teone di Alessandria sul terzo libro del Sistema Matematico di Tolomeo. Edizione controllata dalla filosofa Ipazia, mia figlia."

Come già ricordato, Filostorgio ci fa anche sapere: "che Ipazia aveva scoperto qualcosa di nuovo sul movimento delle stelle e che lei ha reso questa nuova conoscenza accessibile agli uomini e alle donne del suo tempo, spiegando le sue nuove osservazioni in un'opera originale intitolata Canone Astronomico."

Il contemporaneo storico cristiano Socrate Scolastico, in Storia Ecclesiastica, dà la seguente descrizione di Ipazia: "C'era una donna ad Alessandria di nome Ipazia, figlia del filosofo Teone, che fece tali progressi in letteratura e scienza, da superare di gran lunga tutti i filosofi del suo tempo.

Succeduta alla scuola di Platone e Plotino, spiegava i principi della filosofia ai suoi uditori, molti dei quali venivano da lontano per godere della sua erudizione. Grazie alla padronanza di sé e alla disinvoltura che aveva acquisito in conseguenza della coltivazione della sua mente, non di rado appariva in pubblico in presenza dei magistrati. Né si sentiva imbarazzata nel recarsi a un'assemblea di uomini, perché tutti, a causa della sua straordinaria dignità e virtù, la ammiravano ancora di più."

5.7   Fatti curiosi

Il 16 ottobre 2002 è stata ufficialmente inaugurata la nuova biblioteca di Alessandria d'Egitto, o Bibliotheca Alexandrina. Costruita vicino al luogo dove fu eretta la leggendaria originale, similmente a quella precedente, fa parte della struttura accademica della città, e il complesso include anche altre strutture come gallerie d'arte e un planetario.

Il 27 giugno si celebra San Cirillo di Alessandria, dottore della Chiesa.

Capitolo 6
Sonduk (?–647)

Conoscerò mai la verità sulle stelle?
Sono troppo giovane per impegnarmi in teorie sul nostro
Universo. So solo che voglio capire di più.
Voglio sapere tutto quello che posso.
Perché dovrebbe essere proibito?

Lasciamo ora l'area mediterranea, spostandoci verso l'Estremo Oriente, in Corea. Qui nacque intorno al 610 d.C. la principessa Sonduk o Sondok o Seondeok della dinastia Silla. La frase introduttiva sopra riportata era stata scritta dalla stessa principessa, quando aveva 15 anni, in un vaso votivo dedicato a sua nonna.

In seguito divenne la prima monarca femminile della Corea, governando il suo paese per 14 anni. Suo padre, Jinpyeong, era il re del regno dei Silla, che era nato come città-stato nel 57 a.C. e, dopo essere emerso successivamente come regno intorno al 350 d.C., alla fine del settimo secolo era riuscito a unificare l'intera penisola.

Non avendo figli maschi, scelse come sua erede sua figlia Sonduk, il che non fu una grande sorpresa per una serie di motivi: uno era che le donne in quel periodo avevano un certo grado di influenza già come consigliere, regine vedove, e reggenti.

Le donne erano anche capofamiglia, poiché le linee di discendenza matrilineari esistevano accanto a quelle patrilineari, e il modello confuciano, che poneva le donne in una posizione subordinata all'interno della famiglia, non ebbe un grande impatto in Corea fino al quindicesimo secolo, così che durante il regno dei Silla, lo status delle donne rimase relativamente alto.

Sonduk fu scelta dal re anche per la sua brillante mente, un tratto specifico che era diventato evidente presto nella sua vita. Un aneddoto parla di una scatola di semi di peonia provenienti dalla Cina accompagnata da un dipinto di come apparivano i fiori che il re aveva ricevuto.

Guardando l'immagine, Sonduk a 7 anni osservò che mentre il fiore era bello era un peccato che non avesse odore: "Se lo avesse fatto, ci sarebbero state farfalle e api attorno al fiore nel dipinto." La sua osservazione sulla mancanza di odore delle peonie si è rivelata corretta, una dimostrazione tra le molte della sua intelligenza, e quindi della sua capacità di governare.

© The Author(s), under exclusive license to Springer Nature Switzerland AG 2025

G. Bernardi, *Le sorelle dimenticate*, https://doi.org/10.1007/978-3-031-98547-8_6

Figura 6.1 La "Torre dell'Osservazione delle Stelle", o Cheomseongdae, considerato il primo osservatorio dedicato nell'Estremo Oriente. La torre costruita da Sonduk, ancora si trova nell'antica capitale dei Silla ancora a Gyeongju, nella Corea del Sud. Creative Commons Attribution 2.0 Generic

Da molto giovane si sentì attratta dallo studio delle stelle poiché il suo tutore, l'ambasciatore cinese, era anche un astronomo che, tuttavia, non credeva che l'astronomia fosse adatta a una donna.

Questo legame con l'ambasciatore cinese probabilmente era un tipo di legame politico uno, poiché Sonduk doveva succedere a suo padre come Regina dei Silla, che era un alleato strategico della dinastia Tang nella penisola coreana, allora divisa in stati combattenti.

Diventò l'unica sovrana dei Silla nel 632 d.C. o, secondo altri studiosi, nel 634 d.C. e governò fino al 647 d.C., morendo il 17 febbraio. Fu la prima di tre regine del regno, e fu poi succeduta da sua cugina Chindok, che governò fino al 654 d.C.

Il regno di Sonduk fu violento; ribellioni e combattimenti nel regno vicino di Paekche (che alla fine divenne parte della Corea unificata sotto il regno dei Silla grazie all'aiuto della dinastia cinese Tang) riempirono i suoi giorni.

Eppure, nei suoi 16 (o 14) anni come regina di Corea, la sua arguzia le fu vantaggiosa; mantenne il regno unito e allargò i suoi legami con la Cina, inviando studiosi a imparare da quell'augusto regno. Come l'imperatrice cinese Wu Zetian, Sonduk fu attratta dal buddismo e presiedette il completamento dei templi buddisti.

Il suo principale contributo all'astronomia, tra quelli ricordati dalla storia, fu la costruzione dell'Osservatorio Astronomico chiamato la Torre della Luna e delle

Stelle, considerato il primo Osservatorio nell' Estremo Oriente. Sonduk supplicò suo padre per diversi anni di iniziare il lavoro, ma alla fine riuscì, e le sue rovine possono ancora essere visitate ancora oggi.

Situato a Geyongju a circa 100 km a nord di Pusan, in Corea del Sud, casa dell'antica capitale della sua dinastia, la torre fu costruita con blocchi di pietra posti su 27 livelli, forse come riferimento alla Regina che era la ventisettesima sovrana di Silla. Raggiunge quasi tre metri di altezza e ancora oggi sfida i secoli, vincendo il primato del più antico osservatorio astronomico in Asia.

6.1 Astronomia Coreana

Gli astronomi coreani studiavano le posizioni e il moto apparente di corpi celesti. Compilavano il calendario annuale e predicevano fenomeni celesti, come l'equinozio di primavera e d'autunno, il solstizio d'inverno e d'estate, e le eclissi solari e lunari. Non dimenticavano di osservare comete e meteore, facendo attenzione a registrare le apparizioni, perché tutto questo per loro era estremamente importante.

Il Re, infatti, governava il popolo coreano con il potere che pensavano gli fosse inviato dall'alto e come rappresentante, serviva i cieli e manteneva un contatto stretto con loro per guidare il suo popolo sulla giusta strada.

Si pensava che prendendo nota dei cambiamenti nei cieli, fossero in grado di prevedere il futuro, quindi c'era un particolare Ufficio Astronomico sotto gli ordini del Palazzo Reale, con questo importante incarico.

L'astronomia in questo modo appare più una religione che una scienza. Gli antichi astronomi utilizzavano anche sfere armillari e astrolabi per conoscere e capire meglio le stelle, gli strumenti precedenti, per esempio, erano usati per calcolare l'ora quando sorgeva o tramontava l'astro.

6.2 Opere

Come già detto, il principale contributo dell'astronomia della regina Sonduk fu la costruzione di una torre per osservazioni astronomiche, chiamata Chonsongdae (vedi figura); è una delle strutture esistenti più antiche in Corea e il complesso esistente più antico di questo tipo in Asia. Dubbi sono stati sollevati sull'interpretazione di questo edificio come un osservatorio astronomico, ma uno studio fatto nel 2001 apparentemente ha risolto il dibattito.

È stato infatti scoperto che il numero di osservazioni riportate nei registri storici durante i tre secoli dopo la costruzione della torre fino alla caduta del regno di Silla era più che raddoppiato rispetto a quelle riportate per i sette secoli precedenti alla sua erezione. Tuttavia sussiste un'incertezza sulla durata dei lavori. I documenti storici riportano che fu costruita tra il 633 e 647 d.C., eppure questo periodo sembra abbastanza lungo per questo tipo di struttura.

La torre è composta da 365 pietre, corrispondenti ai giorni dell'anno, disposte in 27 sezioni circolari alte 30 cm ciascuna. Come già detto, si suppone che le ventisette sezioni possano simboleggiare il 27° sovrano, Sonduk, ma potrebbero anche essere attribuite alle maggiori costellazioni conosciute.

La base è formata da 12 pietre rettangolari, come i mesi dell'anno, e la sua forma quadrata insieme a quella cilindrica della torre in piedi con la punta affusolata si ritiene abbia un significato simbolico. In realtà potrebbero rappresentare l'antica credenza popolare su un cielo rotondo che circonda una Terra quadrata.

Gli astronomi coreani hanno condotto studi sulle posizioni e i movimenti apparenti dei corpi celesti, compilato il calendario annuale e fatto previsioni su fenomeni celesti come l'Equinozio di Primavera e d'Autunno, il Solstizio d'Inverno e d'Estate, così come eclissi solari e lunari. Inoltre hanno anche registrato il passaggio di comete o sciami di meteoriti.

L'apertura quadrata che si può vedere a metà altezza è rivolta a sud. È stata creata per permettere alla luce del sole di cadere su un punto sul pavimento alla Primavera e Equinozio d'Autunno, e quando il Sole attraversava il Meridiano.

La finestra era progettata in modo tale da non ricevere la luce del Sole al Solstizio d'estate, quindi la torre veniva utilizzata come calendario, indicando con precisione il passaggio delle quattro stagioni.

6.3   Fatti curiosi

Il nome Chomsongdae significa letteralmente "torre per osservare le stelle" e, sebbene costruita 1400 anni fa, questa struttura in pietra rimane per lo più intatta. È considerato l'Osservatorio Astronomico più antico del suo genere nel mondo, ma il suo ruolo è stato riconosciuto solo un secolo fa.

A quanto pare, il suo valore scientifico ha iniziato ad essere apprezzato solo dopo che la Corea è entrata nel mondo moderno. L'unico ingresso alla torre, probabilmente accessibile da una scala esterna, è una finestra quadrata posta a circa quattro metri da terra.

Secondo i resoconti storici, quando gli astronomi dovevano osservare nella torre di Sonduk si sdraiavano sulla schiena e guardavano gli oggetti celesti attraverso quattro cupole disposte in un quadrato e orientate verso i quattro punti cardinali.

Nell'antica Corea le donne godevano di una condizione di rilievo come sciamane femminili, e potrebbe essere stato il caso che il rispetto di Sonduk come governante fosse rafforzato da tale tradizione. In realtà la parola sciamano era ritenuta applicabile alle donne, a cui erano riconosciuti grandi poteri come intermediarie tra gli dei e gli umani.

Alcune presiedevano cerimonie nazionali, ma erano per lo più una sorta di sacerdotesse di famiglia, il cui ruolo era solitamente ereditato. I loro poteri erano esercitati attraverso il possesso dello spirito, che permetteva alle sciamane di eseguire, tra gli altri, guarigioni ed esorcismi, di rivelare le cause dei conflitti familiari e di consigliare sulla loro risoluzione.

Come profetesse, alle sciamane era attribuito un enorme potere, e si riporta che Sonduk era venerata per la sua capacità di anticipare gli avvenimenti. Non si conoscono ulteriori dettagli sul tipo di previsioni che era in grado di fornire, ma non è difficile supporre che questa capacità possa essere legata al suo interesse per l'astronomia, poiché sono noti molti altri casi nella storia in cui le previsioni astronomiche sono state sfruttate per rafforzare il prestigio e l'influenza del profeta.

6.4   Cosa dissero di lei

La giovane Sonduk si interessò allo studio delle stelle e fece osservazioni ogni notte. Era per lo più autodidatta, anche se ricevette un'istruzione dagli astronomi reali. All'età di 15 anni studiò il confucianesimo con l'ambasciatore cinese Lin Fang, che era anche un astronomo, e presentò un nuovo calendario ufficiale al re, padre di Sonduk, convincendolo che il calendario cinese era migliore di quello coreano.

Sonduk desiderava discutere di astronomia con l'ambasciatore cinese, che però riteneva che l'occupazione femminile dovesse essere mantenuta all'interno della casa. Infatti rispose: "Sicuramente non penserete che io possa avere una conversazione su argomenti così importanti con una giovane donna! Sarebbe innaturale e totalmente inappropriato".

Nonostante questo "incoraggiamento", durante un'eclissi solare che si verificò in Corea, la giovane principessa dimostrò che la sua conoscenza era più che sufficiente per discutere tali questioni con lui alla pari, poiché fu in grado di prevedere l'evento e la sua durata con grande precisione. Questo irritò l'ambasciatore che disse: "L'astronomia non è per le donne, fate qualcosa di femminile come la cura dei bachi da seta!", e riuscì infine a convincere suo padre a precludere a Sonduk ulteriori studi sulle stelle.

Parte II
Linea temporale da Fátima
a Jeanne Dumée

Capitolo 7
Fátima di Madrid (Decimo Secolo)

Il Mistero di Fátima

Un "caso" molto interessante è quello di Fátima di Madrid. Un nome arabo associato alla capitale della moderna Spagna non dovrebbe sorprendere una volta appurato che era un'astronoma andalusa che visse nel decimo secolo in Spagna, a quel tempo era chiamata Al-Andalus. Infatti, in questo periodo storico questo territorio era da più di due secoli sotto il governo dei musulmani, come risultato della conquista araba dell'Hispania dei Visigoti.

Il decimo secolo vide la magnificenza del Califfato di Cordoba (929–1031) sotto il quale la Spagna era un faro di apprendimento, con la sua capitale che svolgeva il ruolo di centro culturale ed economico di primo piano in Europa così come nel mondo islamico. Come altri paesi musulmani di quei secoli, l'importanza dell'Al-Andalus nella storia della scienza derivava non solo dai suoi successi in trigonometria, astronomia e altri campi scientifici, ma anche dal suo ruolo di collegamento tra il mondo islamico e cristiano per la cultura e la scienza, che permise la rinascita scientifica in Europa dopo la sua eclissi durante l'Alto Medioevo.

È in un ambiente così favorevole che questa donna poté lavorare, in stretta collaborazione con suo padre, l'astronomo e scienziato islamico al-Maslamah Mayriti, il cui nome significa "uomo di Madrid" e quindi noto come "El Madrileno".

7.1 Astronomia araba e islamica

Mentre la civiltà occidentale stava vivendo un periodo di stasi, se non di declino, nel suo Alto Medioevo, l'Impero Islamico, dopo la sua rapida espansione del settimo e ottavo secolo, si estendeva dall'Asia centrale all'Europa meridionale, svolgendo un ruolo di primo piano nel potere militare così come nella conoscenza culturale e scientifica.

Quest'ultima fu favorita dalla traduzione in arabo di molti classici greci e romani. Ad esempio, il modello di Tolemeo di un universo centrato sulla terra costituì la base dell'astronomia araba e islamica, che in questo modo fu successivamente trasmessa

© The Author(s), under exclusive license to Springer Nature Switzerland AG 2025
G. Bernardi, *Le sorelle dimenticate*, https://doi.org/10.1007/978-3-031-98547-8_7

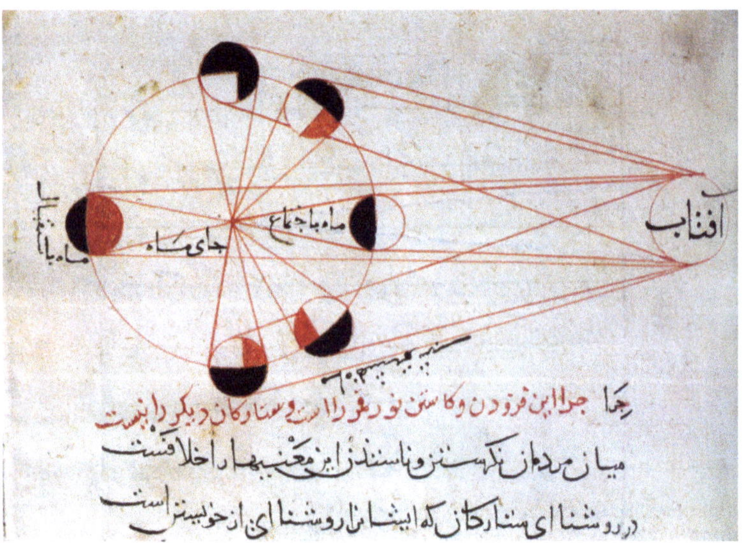

Figura 7.1 Illustrazione di Al-Biruni (973–1048) delle diverse fasi della Luna

all'Europa, ma gli astronomi islamici non furono solo semplici traduttori. Da un punto di vista teorico, il modello geocentrico di Tolemeo fu indagato criticamente e messo in discussione, soprattutto per quanto riguarda la sua tecnica dell'Equante.

Allo stesso tempo erano anche attivi come osservatori accurati, il più famoso tra i quali fu forse Ulugh Beg, che visse nel XV secolo. Ciò stimolò progressi paralleli sul lato tecnologico, attraverso lo sviluppo di raffinati strumenti astronomici. Forse l'esempio più famoso è l'astrolabio, una sorta di calcolatrice analogica utilizzata per calcolare e prevedere le posizioni delle stelle e dei pianeti, ma anche l'ora locale e la latitudine. Inventato dai Greci, fu adottato e perfezionato dagli Arabi, rimanendo lo strumento astronomico più preciso per molti secoli.

Non è quindi sorprendente scoprire che una grande parte dell'eredità astronomica araba è sopravvissuta fino ai giorni nostri. Questo patrimonio, ad esempio, può essere trovato in un numero significativo di stelle nel cielo, come Aldebaran e Altair, ma anche molti termini astronomici come alidada, azimuth e almucantar, sono ancora chiamati con i loro nomi arabi. L'interesse del mondo islamico per l'astronomia è testimoniato anche da un ampio corpus di letteratura ancora esistente, che conta circa 10.000 manoscritti, ancora sparsi in tutto il mondo.

Una caratteristica peculiare dell'interesse dei musulmani per l'astronomia risiede nel suo utilizzo per soddisfare esigenze religiose pratiche. Questi variavano dallo stabilire i momenti corretti della preghiera quotidiana all'inizio delle feste religiose, ma includevano anche la capacità di determinare la direzione della Mecca, la città sacra musulmana, da qualsiasi posizione geografica.

7.2 Opere

Fátima lavorò con suo padre su indagini astronomiche e matematiche e scrisse diversi trattati sull'astronomia, noti come "Correzioni di Fátima" che è la sua opera più famosa. Ancora in collaborazione con suo padre nella redazione delle "Tavole astronomiche di al-Khwarizmi", correggendole per il meridiano che passa per Cordoba.

Insieme lavorarono sui zijes, cioè tabelle arabe che includono calendari, effemeridi dei pianeti, del Sole, della Luna, con le loro eclissi e informazioni sulla visibilità della Luna, ma anche tabelle di astronomia trigonometrica e sferica e altre informazioni. Conosceva, oltre allo spagnolo e all'arabo, anche altre lingue come l'ebraico, il greco e il latino. Infine, lavorò con suo padre su un libro intitolato "Trattato sull'astrolabio", sull'uso di questo strumento, che è conservato nella Biblioteca del Monastero dell'Escorial, vicino a Madrid.

7.3 Fatti curiosi e cosa dissero di lei

Nonostante il credito concesso a questo personaggio per l'inclusione del suo nome tra le distinte astronome del passato durante l'Anno Internazionale dell'Astronomia nel 2009, o forse proprio per questo motivo, recenti affermazioni hanno fortemente messo in dubbio l'esistenza di Fátima di Madrid.

Le informazioni sulla sua vita appaiono nell'edizione del 1924 dell'"Enciclopedia Universal Ilustrada Europeo Americana" di Espasa-Calpe che finora è la fonte più antica su questo personaggio, poiché le referenze utilizzate per scrivere questa voce non sono state citate e non sono note. Questo è uno dei motivi per cui alcuni specialisti credono che non sia altro che un'invenzione.

Lo storico della matematica Angelo Requena Fraile dice: "Colmando il divario nel tempo e nello spazio, il nostro Espasa ha svolto in modo ammirevole il suo ruolo di risorsa solida e affidabile. Ma in tutti questi progetti ambiziosi ci sono errori di battitura, truffatori o copisti negligenti, e purtroppo nella storia della scienza si è insinuato uno di questi furfanti. Così si creano alcuni miti, non documentati né confermati da altre fonti, che si riferiscono a personaggi che non dovrebbero essere trovati nella storia ma come miti.

Il padre della storia della scienza in Spagna Francisco Vera – ci ha già messo in guardia quando ha indagato su un geometra, vescovo di Calahorra dell'era visigotica, chiamato Luciniano che non appariva da nessun'altra parte che nell'Espasa. Con Fátima, la dottoressa figlia di Maslama Madrid, troviamo qualcosa di simile a ciò che accade con Luciniano. Non c'è altra referenza, non ci sono altre fonti affidabili su cui possiamo contare."

L'arabista Manuela Marin, specialista in storia e biografie di el-Andalus sostiene la stessa tesi e, parlando di Maslama al-Mayriti, dice: "È, quindi, il più illustre dei Madrileni di Andalus, e non c'è bisogno di inventare, come è stato fatto, una figlia storicamente inesistente di lui, che è stata chiamata 'Fátima de Madrid' e che è stata sorprendentemente inclusa nel calendario 'Astronomi che hanno fatto la storia', pubblicato in occasione dell'Internazionale Anno dell'Astronomia (2009). L'errore, che proviene da una vecchia edizione dell'enciclopedia Espasa, si è riprodotto in modo acritico, è ora il momento di fermarlo, anche se l'abbondante circolazione su Internet non dà molta speranza a riguardo."

Capitolo 8
Ildegarda di Bingen (1098–1179)

Una piuma nel vento abbandonata alla fiducia di Dio

(La Sibilla del Reno come si autodefiniva)

Dopo la tragica morte di Ipazia di Alessandria, anche la scuola si affievolì e si disperse, dopodiché la ricerca della conoscenza passò alle istituzioni ecclesiastiche. Successivamente non abbiamo notizie di donne studiose o istruite fino al IX secolo, e in ogni caso provenivano da famiglie aristocratiche o reali collocate nei monasteri.

In tale ambito possiamo trovare eminenti Badesse, la più notevole delle quali è Ildegarda di Bingen, una monaca benedettina tedesca che visse nel XII secolo e la più famosa tra le scienziate religiose e medievali. Nacque nell'estate del 1098 a Bermersheim, vicino ad Alzey, nell'attuale regione tedesca della Sassonia, all'epoca parte del Sacro Romano Impero.

Era l'ultima di dieci figli di Mechtild di Merxheim-Nahet e Hildebert di Bermersheim, una famiglia aristocratica, e fu malata per gran parte della sua infanzia. All'età di otto anni Ildegarda fu rinchiusa in un convento a Disibodenberg guidato da una suora più anziana di nome Jutta (in alcune fonti citata come sua zia) che era la figlia del Conte Stephan II di Sponheim.

Qui ebbe l'opportunità di studiare e lavorare e in seguito di scrivere diversi trattati su vari argomenti che vanno dalla medicina alla cosmologia. Ildegarda salì i ranghi della Chiesa. Nel 1136, alla morte di Jutta, Ildegarda fu eletta all'unanimità dalle sue consorelle come "magistra", che è la parola latina per un'insegnante o una padrona. Andò così lontano da convincere la Chiesa a fare il passo insolito di permetterle di fondare due monasteri: Rupertsberg nel 1150 e Eibingen nel 1165.

Prima compositrice conosciuta di musica sacra e pittrice, scrisse anche opere di cosmologia che sono contenute in due libri che sono molto rappresentativi del suo specifico modo di scrivere. In realtà, Ildegarda scrisse queste opere come visioni provenienti da ispirazione divina, descrivendo la loro origine in questo modo: "Ho parlato e scritto queste cose non per invenzione del mio cuore o di qualsiasi altra persona, ma come per i misteri segreti di Dio".

In un'epoca in cui scienza e teologia erano intrecciate a un livello fondamentale, e la conoscenza delle donne era difficilmente accettata, o in ogni caso confinata a

© The Author(s), under exclusive license to Springer Nature Switzerland AG 2025

G. Bernardi, *Le sorelle dimenticate*, https://doi.org/10.1007/978-3-031-98547-8_8

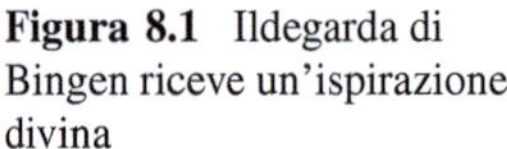

Figura 8.1 Ildegarda di Bingen riceve un'ispirazione divina

campi e pratiche molto specifici, questo è stato di grande aiuto per diffondere le sue tesi e dare maggiore credibilità ai suoi scritti.

Malata fin dalla nascita, nella sua Vita Ildegarda afferma che fin da una giovane età aveva sperimentato visioni, e tutte le sue opere erano illustrate da miniature esplicative molto dettagliate in cui lei si ritraeva in un angolo nell'atto di osservare "le sue visioni".

8.1   Opere

Tra le opere di Ildegarda, tre di esse, scritte nel suo caratteristico stile "ispirato dalle visioni", sono le più significative:

- Liber Scivias (Libro della Conoscenza) composto tra il 1142 e 1151,
- Liber Vitae Meritorum (Libro dei Meriti della Vita o Libro delle Ricompense della Vita) composto tra il 1158 e il 1163;
- Liber Divinorum Operum (Libro delle Opere Divine, noto anche come De operatione Dei, Sull'Attività di Dio, composto tra il 1163/1164–1172 e 1174).

Figura 8.2 L'Uomo Universale, Liber Divinorum Operum di Santa Ildegarda di Bingen, 1165. Copia del tredicesimo secolo

In due di queste tre opere: il Liber Scivias e il Liber divinorum operum simplicis hominis, sono contenuti i suoi modelli cosmologici e la loro interpretazione teologica. In questo modo, nel dodicesimo secolo molte delle idee cosmologiche delle tradizioni giudaico-cristiane e greche, furono diffuse da Ildegarda che, tuttavia, aggiunse molti concetti originali alle forme tradizionali di tali modelli.

Il suo concetto di struttura cosmica può essere riassunto nella visione di una Terra sferica circondata da gusci concentrici che portano corpi che possono influenzare gli eventi umani, un'idea che risale almeno ai Pitagorici, presentata da Ildegarda come una nuova rivelazione con dettagli unici.

Nel Liber Scivias la Terra è composta dai quattro elementi ed è circondata da un'atmosfera sferica, chiamata "Alba pellis" o "Aer lucidus". Ognuno dei quattro involucri primordiali dell'universo contiene uno dei venti cardinali, rappresentato come il respiro di un essere soprannaturale e altri venti, secondari. Il primo di questi involucri è una zona d'acqua sferica, o "Aer aquosus", i cui estremi sono posti al di fuori delle nuvole, che si contrae, si espande e si diffonde, nascondendo o rivelando i corpi celesti sottostanti.

Nel disegnare questa visione, l'Est è posto da Ildegarda in alto e il nord a sinistra con un asse est-ovest allungato, in modo che le aree esterne siano a forma di uovo.

Questo è in contrasto con il modello comune di molti studiosi contemporanei che, riportando le idee originali degli antichi, concepivano un universo totalmente sferico. Il "Purus aether" circonda con la sua struttura ovale l'Aer aquosus ed è il più grande degli involucri primordiali: contiene la Luna e i pianeti interni (Mercurio e Venere) e le costellazioni delle stelle fisse.

Troviamo poi la sottile cintura scura di un fuoco interno chiamato "Umbrosa pellis" o "Ignis niger" che è una fonte di luce e calore. Infine, tutto è contenuto nell'ultimo involucro, chiamato "Lucidus ignis" o fuoco luminoso, il cui estremo orientale (quello superiore) è allungato e appuntito, e dove si trovano il Sole e i pianeti esterni (Marte, Giove e Saturno).

Secondo gli studiosi, il clima e le stagioni dei due emisferi terrestri sono antitetici e il movimento delle sfere celesti e il cambiamento delle stagioni sulla Terra sono facilitati dai venti di ogni involucro. In pratica, i venti prevalenti agiscono come una forza motrice per l'allungamento del giorno in primavera e il suo accorciamento in autunno:

> Guardavo e ammiravo i venti orientali e meridionali che con le loro reazioni muovevano il firmamento con la forza del respiro e causavano il movimento da Est a Ovest sulla Terra; e anche i venti dell'Ovest e del Nord, dal loro settore, ricevevano l'impulso e indirizzavano le loro raffiche per respingerlo indietro da Ovest a Est [...] Ho visto anche che, mentre i giorni cominciavano a crescere, il vento del sud e i suoi effetti sollevavano gradualmente il firmamento nell'emisfero meridionale verso il Nord fino a quando i giorni non cessavano di crescere. Poi, quando i giorni cominciavano ad accorciarsi, il vento del Nord [...] gradualmente portava il firmamento verso sud fino a quando, a causa dell'allungamento del giorno, il vento del Sud cominciava a riportarlo di nuovo in alto.

Nella seconda e terza visione del Liber dominorum, Ildegarda attribuisce a ogni vento qualità associate a vari animali. Realizzando che i pianeti dovevano avere un movimento aggiuntivo indipendente da quello delle loro sfere e diverso da quello delle stelle, e che doveva includere movimenti da ovest a est, ha aggiunto una nuova visione che rivela l'esistenza di una forza rappresentata come una creatura soprannaturale con un volto umano situata nella sfera esterna del fuoco.

Tale forza muoveva i pianeti da ovest a est, nella direzione opposta al movimento del firmamento. Ogni sfera, ogni corpo astronomico, i venti e le nuvole emettono influenze, rappresentate da linee, verso una figura umana: il microcosmo. La dottrina del macrocosmo e del microcosmo, come teoria cosmologica che è durata durante tutto il Rinascimento, firmata da scienziati come Paracelso, Harvey, Robert Boyle e Leibniz, era il dogma centrale della scienza medievale. Era basata sulla somiglianza tra la struttura dell'universo e l'anatomia umana, dove Ildegarda includeva anche le qualità dell'anima.

La badessa cercava di incorporare nel suo diagramma del macrocosmo le conoscenze anatomiche e fisiologiche del tempo, la sua idea della mente umana e le sue credenze teologiche. Gli elementi celesti influenzavano il corpo umano agendo attraverso l'atmosfera sul sangue e sugli umori.

Ogni vento cardinale era rappresentativo della zona primordiale da cui proveniva ed esercitava la sua influenza sull'umore corrispondente del corpo umano. Con teorie di questo tipo, è facile indulgere in astrologia, una disciplina già discussa nel dodicesimo secolo, come oggi. Pur condannandola, Ildegarda sosteneva che i corpi celesti potessero occasionalmente rivelare segni divini.

Oltre a questi lavori cosmologici, ha scritto testi teologici, botanici, medicinali, lettere, poesie ed era anche un'abile compositrice e circa 80 delle sue composizioni musicali sono sopravvissute fino ai nostri giorni; una di queste, l'Ordo Virtutum (Gioco delle Virtù) è un esempio precoce di dramma liturgico.

I suoi scritti e composizioni mostrano che Ildegarda usava una forma di latino medievale modificato, che comprendeva molte parole inventate, confluite e abbreviate. Utilizzava anche un alfabeto alternativo chiamato Lingua Ignota (lingua sconosciuta), che alcuni studiosi ritengono sia stato usato anche per aumentare la solidarietà tra le sue suore.

Per queste invenzioni, è stata considerata una sorta di precursore medievale delle cosiddette lingue "artificiali" o "costruite", ed è infatti la patrona degli Esperantisti.

Ildegarda di Bingen morì a Bingen am Rhein il 17 settembre 1179 all'età di 81 anni e Papa Benedetto XVI, il 7 ottobre 2012, la nominò Dottore della Chiesa.

8.2 Fatti curiosi

Ildegarda, rispetto al periodo in cui visse, era una suora non convenzionale e non conformista. Malata ma con un carattere molto forte, all'età di tre anni, come riferì, vide per la prima volta "L'Ombra della Luce Vivente".

All'età di cinque anni iniziò a capire che stava vivendo visioni ma, sebbene le considerasse un dono, esitava a parlarne agli altri, condividendo in seguito le sue esperienze solo con la suora Jutta, anch'essa una visionaria.

Nel 1141 ricevette una visione che interpretò come un'istruzione da parte di Dio, di "scrivere ciò che vedi e senti" e nel suo primo testo teologico, Scivas, descrive la sua lotta:

> Ma io, sebbene vedessi e sentissi queste cose, rifiutai di scrivere per molto tempo a causa del dubbio e della cattiva opinione e della diversità delle parole umane, non per ostinazione ma nell'esercizio dell'umiltà, fino a quando, abbattuta dal flagello di Dio, caddi su un letto di malattia; poi, costretta infine da molte malattie, e dalla testimonianza di una certa nobile fanciulla di buona condotta [la suora Richardis von Stade] e di quell'uomo che avevo cercato e trovato in segreto, come detto sopra, misi mano alla scrittura. Mentre lo facevo, sentii, come ho detto prima, l'immensa profondità dell'esposizione scritturale; e, sollevandomi dalla malattia con la forza che ricevevo, portai a termine questo lavoro – seppur a malapena – in dieci anni. (...) E ho parlato e scritto queste cose non per invenzione del mio cuore o di qualsiasi altra persona, ma come per i segreti misteri di Dio li ho sentiti e ricevuti nei luoghi celesti. E ancora una volta ho sentito una voce dal Cielo che mi diceva, 'Grida dunque, e scrivi così!'

Ildegarda aveva paura di lasciare il convento per conferire con Vescovi e Abati, Nobili e Principi, ma allo stesso tempo, mentre era in contatto epistolare con il monaco cistercense Bernardo di Clairvaux, non aveva paura di sfidare con parole dure l'Imperatore Federico Barbarossa, fino ad allora suo protettore, quando questi due si opposero al legittimo Papa Alessandro II. L'imperatore non si vendicò per l'affronto, ma interruppe l'amicizia che fino ad allora li aveva legati.

Nel 1169 riuscì in un esorcismo su una donna chiamata Sigewize, che era stata ricoverata nel suo convento, dopo che altri monaci avevano precedentemente provato e fallito. In un ruolo piuttosto insolito per una donna, guidò personalmente il rito, sebbene in presenza di sette sacerdoti maschi.

Sebbene Ildegarda fosse un prodotto della sua epoca e avesse una visione negativa del sesso, era molto avanti rispetto al suo tempo nell'apprezzamento e riconoscimento dell'importanza della gratificazione sessuale per le donne. Nonostante presumibilmente fosse vergine, potrebbe essere stata la prima europea a descrivere l'orgasmo femminile.

Quando Ildegarda stava morendo, le sue sorelle affermarono di aver visto due flussi di luce apparire nel cielo e attraversare la stanza.

8.3 Cosa dissero di lei

Soprannominata "La Sibilla del Reno" per le sue profezie, il suo temperamento forte era incoraggiato dalla sua posizione politica sicura, che le permetteva di impegnarsi nel campo politico e culturale.

I suoi saggi furono letti al Concilio di Trento del 1147 da Papa Eugenio III, che li chiamò vere profezie e la incoraggiò a continuare a scrivere. Come badessa aristocratica, Ildegarda si descriveva ripetutamente come "Una piuma sul respiro di Dio".

Fedele al significato del suo nome, cioè "protettrice delle battaglie", fece della sua religione un'arma per una battaglia che condusse per tutta la sua vita, scuotendo i cuori e le menti del suo tempo.

Capitolo 9
Sophie Brahe (1556–1643)

… aveva una conoscenza eccezionale in matematica e astronomia

(*Pierre Gassendi nella biografia di Tycho Brahe*)

Era considerata una delle donne più erudite del suo tempo. Sophie Brahe era la più giovane di dieci figli di Otto Brahe (1518–1571) un consigliere di stato e Beate Bille (1526–1605).

Autodidatta e sorella del famoso astronomo Tycho, divenne la sua assistente sull'isola di Hven, che ospitava il suo personale osservatorio astronomico, sostenuto dal re Federico II di Danimarca.

Infatti, potrebbe essere stata molto più di una semplice collaboratrice, poiché è possibile che abbia contribuito al modello cosmologico noto come Ticonico, dal nome dell'astronomo danese. Ebbe anche una ricca vita privata: si sposò due volte, e i suoi interessi variavano dall'orticoltura alla medicina, e dall'alchimia alla storia.

Come membro di una famiglia ricca, ricevette un'educazione privata, come era consuetudine all'epoca, e adatta al suo rango. Studiò tedesco e latino, ma gran parte degli interessi intellettuali che sviluppò erano legati a quelli del suo fratello maggiore Tycho, che, dopo aver studiato diritto e filosofia alle Università di Copenhagen e Lipsia, avrebbe dovuto seguire una carriera diplomatica.

Si dedicò invece interamente allo studio delle stelle, una delle discipline che li univa. Il destino iniziò a favorire Sophie durante il ritorno del fratello dall'estero a causa del peggioramento delle condizioni di salute del padre. Questo evento le permise, all'età di dieci anni, di studiare da sola nei libri che il fratello portava a casa.

Alla fine, si rivelò quasi un prodigio e questo non passò inosservato a Tycho che, a causa del suo talento naturale per le discipline scientifiche e della sua crescente curiosità, decise di occuparsi personalmente dell'educazione di Sophie in materie come chimica, latino (la lingua internazionale del tempo, soprattutto tra gli uomini colti), astronomia, alchimia e letteratura classica.

Questo è un fatto piuttosto significativo per una persona famosa per il suo temperamento cattivo e irascibile, a volte persino spietato, che lo rendeva sgradito tra i suoi servitori e i suoi assistenti.

G. Bernardi, *Le sorelle dimenticate*, https://doi.org/10.1007/978-3-031-98547-8_9

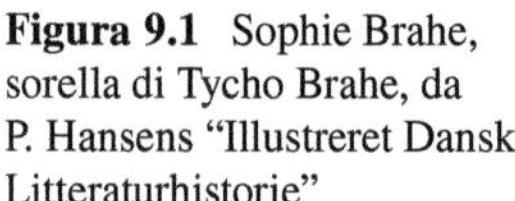

Figura 9.1 Sophie Brahe,
sorella di Tycho Brahe, da
P. Hansens "Illustreret Dansk
Litteraturhistorie"

Tycho trovò in Sophie una persona con cui poteva condividere il suo amore per le scienze naturali. Una tale situazione richiama alla mente un'altra famosa coppia di fratelli astronomi del diciottesimo secolo: William e Caroline Herschel, sebbene le ragioni che hanno motivato quest'ultimi a intraprendere studi astronomici, fossero molto diverse.

9.1 Opere

All'età di 14 anni Sophie era già assistente di Tycho a Kunstorp. La troviamo accanto a suo fratello durante l'osservazione dell'eclissi Lunare l'8 dicembre 1573, che precedentemente avevano calcolato insieme. L'anno precedente, tuttavia, fu cruciale, poiché la sera dell'11 novembre 1572, una nuova stella era apparsa nel cielo, in Cassiopea.

Lo strano fenomeno celeste rimase visibile per 18 mesi, durante i quali fu studiato e successivamente descritto nel primo lavoro di Tycho intitolato De nova stella o la nuova stella. L'evento astronomico che aveva tanto attirato l'attenzione di Brahe, non era altro che una "nova" o una stella che aumenta violentemente la sua luminosità.

Questo evento spettacolare e misterioso non poteva essere compreso nel quadro del modello planetario tolemaico, fatto di stelle fisse e immutabili, e quindi aggiunto alle ragioni che invitavano alla discussione.

I fratelli non erano seguaci del modello copernicano, alternativo al precedente, ma proponevano invece un modello dell'universo che era in parte geocentrico e in parte eliocentrico, dove il Sole e la Luna orbitano attorno alla Terra mentre gli altri cinque pianeti (Mercurio, Venere, Marte, Giove, Saturno) ruotano attorno al Sole.

Questo sistema divenne noto come Ticonico, ma purtroppo non è possibile valutare l'estensione del contributo di Sophie perché, come era naturale all'epoca, tutto era implicitamente attribuito a suo fratello. Tuttavia, ci sono molti indizi che suggeriscono che abbia svolto un ruolo importante nella definizione del modello Ticonico.

Prima di tutto, Tycho era solito definire Sophie come Urania, o la sua Musa ispiratrice. Più significativamente, si definiva più un ingegnere che un astronomo, perché era estremamente coinvolto negli aspetti pratici della realizzazione e del miglioramento della loro strumentazione astronomica, che gli permetteva di eseguire le misurazioni più precise del tempo.

Era anche un pioniere nel campo dell'astronomia osservativa, essendo stato uno dei primi uomini a sottolineare l'importanza di un programma di osservazione sistematico e ben organizzato. D'altra parte, sembra che sua sorella fosse la più versata dei due sul lato matematico e teorico del loro lavoro.

Come detto, il modello Ticonico era un ibrido tra il modello geocentrico ed eliocentrico, e non ebbe molta fortuna tra gli specialisti, ma fu uno dei primi a rompere chiaramente con la tradizione del carattere materiale delle sfere celesti che si era stabilita con l'interpretazione medievale del modello tolemaico. Questo è infatti chiaramente incompatibile con le orbite intersecanti di diversi corpi celesti di questo modello.

Sophie Brahe sposò Otto Thott di Eriksholm e diede alla luce un figlio, Tage, nel 1580, ma tornò nella casa di famiglia dopo la morte del marito nel 1588. Lì si immerse nei suoi studi e, a parte il lavoro astronomico, un altro sforzo cui certamente Sophie prese parte fu la compilazione dell'albero genealogico della sua famiglia.

Si compone di oltre 900 pagine scritte a mano sulle famiglie nobili in Scandinavia. Pubblicato nel 1626, rimane una fonte importante per gli storici danesi oggi; il volume è conservato presso la Biblioteca Universitaria Svedese di Lund.

9.2 Progetti

Sembra che il Re di Danimarca, Federico II, avesse un debito di gratitudine con uno zio di Tycho Brahe, che apparentemente lo salvò da un sicuro annegamento. Fu probabilmente in parte per questa ragione, ma anche a causa della fama che Tycho aveva acquisito nel campo dell'astronomia, che lo invitò a tenere una lezione di astronomia all'Università di Copenaghen.

Gli assegnò anche una pensione annuale, dandogli addirittura un'intera isola lunga circa 5 km chiamata Hven, vicino a Copenaghen, sulla quale fu costruito il famoso castello-osservatorio di Uraniborg, o la Città di Urania, e l'osservatorio Stjarneborg, che significa "Città delle stelle". La sovrana, Sophia, regina di Danimarca e Norvegia, era una patrona dei fratelli Brahe e alla morte del marito si ritirò dalla vita pubblica, dedicandosi all'astronomia e alle scienze naturali.

L'importanza del lavoro astronomico condotto su quest'isola dai Brahe è dovuta al fatto che furono i primi astronomi europei a intraprendere un programma di osservazione regolare e a lungo termine delle posizioni delle stelle fisse e dei pianeti. A questo scopo, utilizzarono alcuni degli strumenti più avanzati del tempo, che erano stati progettati e migliorati da loro stessi.

Il telescopio non era ancora stato inventato, ma con le loro osservazioni furono in grado di produrre un catalogo di più di 1000 stelle fisse e con la precisione migliore della loro epoca. Furono anche in grado di tenere conto dell'effetto della rifrazione atmosferica sulle loro osservazioni, e alcuni ricercatori britannici, che recentemente hanno confrontato le mappe stellari dei Brahe con quelle attuali, hanno scoperto che i loro calcoli erano ancora più precisi di quanto si pensasse in precedenza.

La loro ricerca fu uno dei primi esempi moderni di un lavoro sperimentale condotto in modo rigoroso e sistematico, che deve essere confrontato con l'abitudine diffusa dei loro colleghi contemporanei, che ancora utilizzavano i dati sperimentali dell'era tolemaica. Ma queste osservazioni, e quindi il lavoro di Tycho e Sophie Brahe, sono di fondamentale importanza nella storia della scienza, anche perché hanno stimolato uno dei più fondamentali progressi scientifici di tutti i tempi.

Dopo la morte di Tycho infatti, Keplero ebbe pieno accesso ai dati che raccoglievano queste precise osservazioni, che fino ad allora l'astronomo danese aveva tenuto per suo uso privato. Fu grazie a questi che lo scienziato tedesco fu in grado di formulare le sue tre leggi sul moto planetario che, circa 50 anni dopo, aiutarono Newton a formulare la sua famosa teoria della gravità.

9.3 Cosa dissero di lei

Il filosofo e fisico Pierre Gassendi, scrivendo la biografia di Tycho Brahe, disse che sua sorella Sophie era dotata di conoscenze eccezionali in matematica e astronomia.

Nel 1594 Tycho scrisse il suo grande poema latino "Urania Titani" sotto forma di lettere da Urania, la musa dell'astronomia, personificata da Sophie, a Titano, rappresentato da Erik, il suo futuro secondo marito.

Riportiamo qui un estratto in cui l'autore ci lascia una lunga e affettuosa descrizione della personalità e dei diversi interessi di sua sorella:

Ho una sorella di nome Sophie, che è rimasta vedova sei anni fa. Suo marito era un nobile bravo uomo. Era ancora una donna molto giovane a quel tempo, e aveva il conforto di un figlio, un ragazzo. Come spesso accade, ha avuto molte preoccupazioni durante i suoi anni di vedovanza, e ha iniziato a cercare modi per passare il tempo, che per quanto possibile, potessero rallegrarla di tanto in tanto. Ad Eriksholm (la sua casa in Scania, che è costruita come una fortezza) ha progettato un giardino meravigliosamente bello, che è senza pari in queste parti settentrionali del mondo. Ha messo enorme impegno e lavoro inesauribile in questo progetto, e in altre imprese che non menzionerò, e ha disposto i giardini in conformità con le regole più importanti, con un ben pianificato arrangiamento sia di una serie di diversi tipi di alberi e piante da giardino, così come altri dettagli adatti – tutto in un luogo dove nulla di questo tipo era esistito prima. Tuttavia, quando questo lavoro fu completato lei non era ancora libera dal peso dei suoi problemi e cercò distrazione nella chimica, con l'intenzione di preparare certi medicinali spagirici. Questo era anche un lavoro che ha portato avanti con non poco successo. Presto lei non stava solo fornendo queste preparazioni ai suoi amici e alla classi superiori, dove c'era bisogno, ma anche gratuitamente ai poveri – e così fornì a tutti loro un grande aiuto. Ma lei scoprì che nemmeno questa strada portava al compimento delle sue ambizioni intellettuali, che miravano continuamente più in alto, e infine dedicò grande energia alle previsioni astrologiche basate su oroscopi di nascita. Potrebbe essere stato il suo brillante talento e uno o un altro Genio che la spingeva continuamente a mirare sempre più in alto, o che il suo sesso in sé la predisponeva alla curiosità per la conoscenza del futuro, forse anche mescolato con una certa dose di superstizione. Mentre io avevo dato a lei istruzione e guida in queste prime aree quando lei lo chiedeva (ammetto più in chimica che in orticoltura, che lei stessa capiva abbastanza bene), le consigliai vivamente di stare lontana dalle speculazioni astrologiche, poiché sentivo che lei non doveva dedicarsi a materie troppo astratte e complicate per la mente femminile. Ma lei, che ha una mente forte e così tanta fiducia in se stessa che è pari a qualsiasi uomo in questioni spirituali, ignorò il mio consiglio e si gettò con maggiore fervore nei suoi studi, e imparò le basi dell'astrologia in poco tempo, in parte da scrittori latini, che aveva tradotto in danese a sue spese, anche in parte da scrittori tedeschi sull'argomento (lei ha un'ottima conoscenza del tedesco). Quando ho visto i chiari segni di questo, ho smesso di lavorare contro di esso, e le ho semplicemente consigliato di esercitare prudenza nei suoi ulteriori studi. (Tycho Brahe, estratti da "Urania Titani")

"Poche donne scaniane hanno una reputazione più meritata di Sophie Brahe, la sorella di Tycho. Lei rappresenta qualcosa di nuovo nella storia della donna nordica"; ha scritto lo storico Lauritz Weibull più di un secolo fa. "È la prima e una delle più affidabili rappresentanti nei paesi nordici dell'ideale rinascimentale della femminilità, governato da una fervida devozione alla scienza e all'arte [...]."

9.4   Fatti curiosi

Sophie è nata nel 1556, ma altre fonti indicano la data del 24 agosto 1559 invece, a Knutstorp, situato nel territorio allora chiamato Scania, che ora fa parte della Svezia, ma a quel tempo sotto la sovranità danese. La sua famiglia apparteneva alla nobiltà; suo padre era il governatore del castello di Helsingborg, che è proprio di fronte al castello di Elsinore, famoso per la storia di Amleto di Shakespeare.

Nel 1579 Sophie sposò un ricco e nobile signore di 16 anni più vecchio di lei, il cui nome era Otto Thott di Eriksholm, l'attuale Trolleholm e il ritratto fu dipinto poco dopo la morte del suo primo marito.

Vissero una vita lussuosa nella sua proprietà, e il 27 maggio 1580 nacque il loro unico figlio, Tage Ottesen che divenne un consigliere di stato, come il padre di Sophie. Tage crebbe amando sua madre e in seguito fu uno dei suoi pochi sostenitori; morì nel 1658.

I suoi impegni domestici non la distolsero dal lavoro astronomico all'osservatorio, e spesso visitava suo fratello sull'isola di Hven, rimanendo a Uraniborg per diverse settimane in occasione della visita di ospiti illustri come la regina Sofia, nell'agosto 1586. Dopo 11 anni di matrimonio, il 23 marzo 1588 divenne vedova con piena responsabilità per suo figlio.

Si prese cura della sua educazione, diventando anche l'amministratrice delle proprietà familiari. Per tenere la mente occupata, si dedicò anche allo studio dell'astronomia, astrologia, chimica, alchimia, medicina, botanica e giardinaggio ornamentale. All'epoca, infatti, non c'erano confini chiari tra quello che oggi chiamiamo scienza e pseudoscienza.

Tutto quello che Tycho doveva fare in cambio dell'isola di Hven, era consegnare almanacchi astronomici e oroscopi alla corte, ma non credeva realmente nell'astrologia, a differenza di sua sorella Sophie.

Mentre Sophie lavorava con Tycho nel suo osservatorio sull'isola, incontrò Erik Lange che visitava frequentemente suo fratello per discutere del suo lavoro in alchimia. Si fidanzarono e Tycho fu l'unico membro della famiglia a sostenere la loro relazione.

Anni dopo si sposò di nuovo, ma ancora in contrasto con la sua famiglia, come è testimoniato anche da una lettera di Sophie a sua sorella Margrethe Brahe, dove esprime rabbia con la sua famiglia per non aver accettato i suoi studi scientifici e per averla privata del denaro che le spettava.

Probabilmente in conseguenza di queste lotte, le loro condizioni economiche dovevano essere tutt'altro che prospere, poiché nella stessa lettera descrive di dover indossare calze con buchi per il suo matrimonio e di restituire i vestiti da sposo di suo marito a un banco dei pegni dopo il matrimonio, perché non potevano permettersi di tenerli.

È possibile, tuttavia, che la famiglia fosse preoccupata con una certa ragione, poiché questa volta il matrimonio non fu felice come lei poteva sperare. Il suo secondo marito, infatti, morì a Praga in miseria nel 1613, dopo aver sperperato la loro ricchezza per la sua ostinata dedizione agli studi alchemici.

Dopo la morte del secondo marito, Sophie tornò in Danimarca, dove morì nel 1643 e fu sepolta con la famiglia Thott.

Capitolo 10
Maria Cunitz (1610–1664)

"Pallade Slesiana" o "La seconda Ipazia"

(Abbé Halma)

Maria Cunitz (Cunitia) nacque nel 1610 in Slesia, una regione storica dell'Europa centrale ora appartenente quasi interamente alla Polonia. La sua città natale era Schweidnitz, ma alcune fonti più recenti indicano invece la città di Wohlau, il cui nome attuale è Wolow.

Era la figlia maggiore di Heinrich Cunitz, un medico e proprietario terriero ricco di quella regione e di mentalità aperta, e Maria Scholtz di Liegnitz, figlia dello scienziato e matematico tedesco Anton von Scholtz, che era consigliere del duca Joachim Frederick di Liegnitz.

Qualunque fosse la vera città natale di Maria, è attestato che alla fine la famiglia si trasferì a Schweidnitz, oggi Świdnica, in Polonia.

Come era usuale per quei tempi, a Maria fu negato l'accesso all'università in qualsiasi forma, e ricevette un'ampia educazione da suo padre su molti argomenti come lingue, pittura, musica, poesia, matematica, medicina e storia. Si sposò due volte: la prima volta ad una età molto giovane, nel 1623, con l'avvocato David von Gerstmann che morì nel 1626.

La seconda volta nel 1630 con Elias von Löwen o Elie de Loewen, un medico a Pitschen e anche un astronomo dilettante. Era molto più vecchio di lei, ma svolse un ruolo fondamentale nell'educazione di Maria, incoraggiandola a perseguire studi astronomici anche prima del loro matrimonio.

Questo è testimoniato, ad esempio, dai registri delle loro osservazioni del pianeta Venere fatte insieme il 14 dicembre 1627 e del pianeta Giove in aprile 1628.

Ebbero anche tre figli: Elias Theodor, Anton Heinrich e Franz Ludwig. Nel 1661 Maria rimase vedova e poi morì lei stessa a Pitschen, il 22 o 24 agosto 1664 a soli 54 anni.

G. Bernardi, *Le sorelle dimenticate*, https://doi.org/10.1007/978-3-031-98547-8_10

Figura 10.1 Silesia Inferior (Bassa Slesia) in una pubblicazione del 1645 di Jonas Scultetus da "Theatrum Orbis Terrarum, sive Atlas Novus in quo Tabulæ et Descriptiones Omnium Regionum, Editæ a Guiljel et Ioanne Blaeu" (Teatro del Mondo, o un Nuovo Atlante di Mappe e Rappresentazioni di Tutte le Regioni, Curato da Willem e Joan Blaeu), 1645

10.1   Opere

L'opera per cui Maria Cunitz è universalmente ricordata come scienziata è Urania Propitia, il cui titolo completo era:

Cunitz, Maria. Urania Propitia Sive Tabulae Astronomicae Mire Faciles, Vim Hypothesium Physicarum A Kepplero Proditarum Complexae; Facillimo Calculandi Compendio, Sine Ulla Logarithmorum Mentione Phenomenis Satisfacietes; Quarum usum pro tempore praesente, exacto et futuro communicat Maria Cunitia. Das ist: Newe und Langgewunschete, leichte Astronomische Tabelln, ect. [Introduzione di Elias von Löwen] Oels, Slesia, 1650.

Come si può capire dal titolo, questo lavoro contiene, oltre alle tabelle delle effemeridi e alla descrizione degli algoritmi per il loro calcolo che erano più semplici rispetto a quelli originali di Kepler, considerazioni generali sull'astronomia e le sue basi teoriche introdotte con un linguaggio semplice e accessibile.

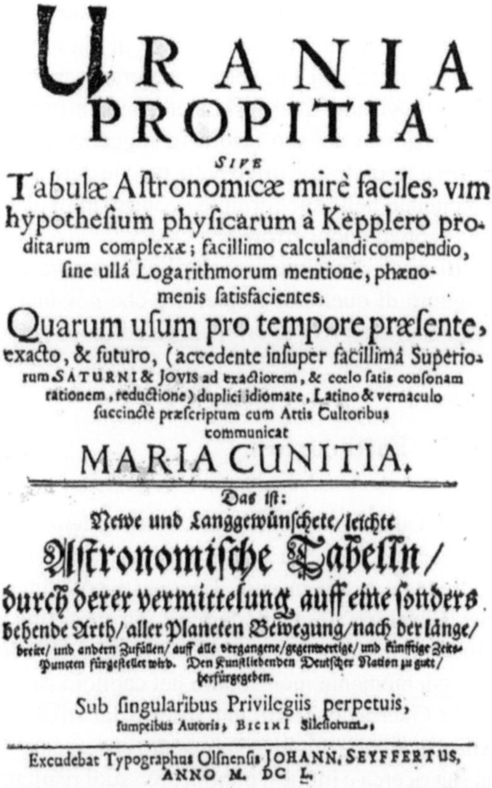

Figura 10.2 Frontespizio di Urania Propitia di Maria Cunitz

U RANIA
PROPITIA
SIVE

Tabulæ Aſtronomicæ mirè faciles, vim
hypotheſium phyſicarum à Kepplero proditarum complexæ; facillimo calculandi compendio,
ſine ullâ Logarithmorum mentione, phæno-
menis ſatisfacientes.

Quarum uſum pro tempore præſente,
exacto, & futuro, (accedente inſuper facillimâ Superio-
rum *SATURNI* & *JOVIS* ad exactiorem, & cœlo ſatis conſonam
rationem, reductione) duplici idiomate, Latino & vernaculo
ſuccinctè præſcriptum cum Artis Cultoribus
communicat
MARIA CUNITIA.

Das iſt:
Newe und Langgewünſchete/leichte
Aſtronomiſche Tabelln/
durch derer vermittelung, auff eine ſonders.
behende Arth/ aller Planeten Bewegung/nach der länge/
breite/ und andern Zufällen/ auff alle vergangene/gegenwertige/und künfftige Zeit-
Puncten fürgeſtellet wird. Den Kunſtliebenden Deutſcher Nation zu gut/
herfürgegeben.

Sub ſingularibus Privilegiis perpetuis,
ſumptibus Autoris, Bicini Sileſiorum.

Excudebat Typographus Olſnenſis JOHANN. SEYFFERTUS,
ANNO M. DC L.

L'importanza di questo lavoro può essere meglio compresa se viene collocato nel contesto della ricerca astronomica contemporanea. Gli studi astronomici di Maria, infatti, erano piuttosto avanzati per l'epoca, infatti era a conoscenza dei risultati della ricerca di Keplero che supportavano il sistema eliocentrico copernicano e l'ellitticità delle orbite planetarie, due dei temi scientifici più innovativi del XVII secolo.

Questo tuttavia non rimase un mero argomento passivo della sua impressionante carriera di studi. Piuttosto si impegnò nella ricerca attiva, anche se risorse finanziarie limitate non le permisero di acquistare gli strumenti necessari per diventare competitiva nell'astronomia osservativa.

Le Tabulae Rudolphinae sono i calcoli delle effemeridi planetarie eseguiti da Kepler, utilizzando i dati di osservazione di Tycho Brahe, e pubblicati nel 1628. Furono la base per la ricerca di molti altri scienziati e Maria Cunitz prese parte a questo sforzo preparando la sua versione delle effemeridi planetarie.

Il suo lavoro si distinse tra gli altri per il suo tentativo originale di ottenere risultati comparabili con algoritmi notevolmente più semplici che richiedevano molti meno calcoli rispetto a quelli di Keplero.

Questo era un potenziale passo avanti in un'epoca in cui ogni calcolo doveva essere fatto manualmente: operazioni più semplici e brevi avrebbero infatti non solo significato calcoli più veloci, ma erano anche meno soggetti agli inevitabili errori che affliggevano qualsiasi tabella delle effemeridi di quel tempo.

Il risultato del suo lavoro fu soggetto sia a lodi che a critiche. Corresse diversi errori a Keplero che trovò nelle tabelle delle sue tavole e semplificò il suo lavoro, ma omettendo nelle sue formule i contributi di alcuni piccoli coefficienti, introducendo una serie di nuovi errori.

Bisogna dire, tuttavia, che l'accuratezza delle sue effemeridi era in molti casi migliore di quelle di Keplero, e che nessuna delle tabelle contemporanee di altri scienziati era priva di errori di calcolo.

10.2   Fatti curiosi

Maria Cunitz mantenne una corrispondenza epistolare con altri scienziati contemporanei, anche se, a causa delle convenzioni dell'epoca, le lettere erano sempre indirizzate a suo marito. Tra questi possiamo citare il famoso astronomo Johannes Hevelius, di cui parleremo più tardi, ma anche l'astronomo francese Ismael Boulliau o Pierre Desnoyers, segretario della Regina di Polonia e Pierre Gassandi, precedentemente menzionato nel capitolo su Sophie Brahe.

La Guerra dei Trent'anni infuriò dal 1618 al 1648, ma Maria Cuniz e la sua famiglia trovarono rifugio nel convento cistercense di Olobok, dandole modo di svolgere la sua ricerca e infine a pubblicare i suoi risultati nel 1650 nell'opera Urania Propitia citata precedentemente.

Stampato a sue spese, e dedicato all'Imperatore Ferdinando III, il testo è scritto sia in latino che in tedesco per una maggiore diffusione, e oggi è anche riconosciuto per il suo contributo allo sviluppo della lingua tedesca scientifica.

È interessante notare che nella prefazione l'autrice stessa rassicura i lettori sulla propria competenza in materia, e nella successiva edizione il libro contiene anche una dichiarazione di suo marito che conferma che sua moglie è l'unica autrice di quest'opera.

Poiché è stato pubblicato privatamente, non c'è dubbio che ne sia stato stampato un piccolo numero di copie, quindi non sorprende che sia considerato un testo raro. Attualmente, sembra che esistano nove copie nel mondo: una di queste, in Europa, si trova presso la Biblioteca dell'Osservatorio Astronomico di Parigi, dove può essere vista nel pomeriggio, previa richiesta. Un'altra, negli Stati Uniti, è stata recentemente acquistata dalla Biblioteca dell'Università della Florida:

> Il libro che è stato scelto come il quattro-milionesimo volume per le Biblioteche dell'Università della Florida è 'Urania Propitia' di Maria Cunitz. Il libro esamina la teoria e l'arte dell'astronomia, oltre a presentare i suoi calcoli, e una guida all'astronomia per i non scienziati. Secondo Cunitz, c'erano quattro componenti dell'astronomia: osservazioni accuratamente registrate, la costruzione di strumenti astronomici, la teoria, e i calcoli o tabelle di previsioni. Il libro è molto raro – una delle nove copie esistenti – ed è un'importante

acquisizione alle biblioteche perché celebra gli impegni dell'università per gli studi delle donne, la storia della scienza, l'astronomia, e la parola stampata come il principale mezzo di comunicazione per più di cinquecento anni.

Nel 1648, dopo la Guerra dei Trent'anni, la coppia tornò alla loro casa a Pitschen, in Slesia, ma la sera del 25 maggio 1656, alle 22:00, un grande incendio distrusse la maggior parte delle case della città.

La casa di Maria fu completamente distrutta e in un evento così drammatico furono persi libri, lettere, oltre 200 note delle sue osservazioni astronomiche e strumentazione, sia la sua che quella medica di suo marito.

La sua reputazione come scienziata sopravvisse alla sua morte. L'asteroide 12624 fu chiamato Mariacunitia in suo onore, e il cratere Cunitz sul pianeta Venere porta il suo nome.

Altre versioni del suo cognome sono Cunicia, Cunitzin, Kunic, Cunitiae, Kunicia o Kunicka.

10.3   Cosa dissero di lei

Nel 1727 nel suo libro Donne Slesiane Istruite e Poetesse, Johan Kaspar Elberti scrisse che

> (Maria) Cunicia o Cunitzin era la figlia del famoso Henrici Cunitii. Era una donna molto istruita, come una regina tra le donne slesiane. Era in grado di conversare in 7 lingue, tedesco, italiano, francese, polacco, latino, greco ed ebraico, era una musicista esperta e un'abile pittrice. Era un'astrologa scruopolosa e apprezzava particolarmente i problemi astronomici.

Ma Elberti fu più critico quando diede altri dettagli sulla vita di Maria:

> [Cunitz] era così profondamente impegnata nella speculazione astronomica che trascurava la sua casa. Le ore diurne le passava, per la maggior parte, a letto (riguardo al quale sono stati riportati tutti i tipi di eventi ridicoli) perché si era stancata a guardare le stelle di notte.

Nella sua traduzione del Commentaire de Théon Alexandrie, Abbé Halma traccia la vita di Maria e la chiama la "Seconda Ipazia".

Maria era una donna molto erudita e fu anche ricordata dal famoso poeta e scrittore italiano Giacomo Leopardi nella sua opera "Storia dell'Astronomia".

L'origine del soprannome di Maria Cunitz come "Pallas Slesiana" proviene da J.B. Delambre, che lo usò per la prima volta nel suo studio sulla storia dell'astronomia, dove la paragonò anche a Ipazia.

Capitolo 11
Elisabetha Catherina Koopman Hevelius (1647–1693)

Madre delle mappe lunari

Un'altra astronoma, sempre citata nelle lettere di Carolina Herschel, è la polacca Elisabetha Catherina Koopman Hevelius, che fin da bambina si dilettava in astronomia. Nacque nel 1647 a Danzica, e fu battezzata il 17 gennaio.

Sua madre era Joanna Mennings o Menninx (1602–1679) e suo padre Nicholas Kooperman o Cooperman (1601–1672) un prospero mercante locale. I due si sposarono ad Amsterdam nel 1633, e dopo essersi trasferiti da Amsterdam ad Amburgo, già nel 1636 si trasferirono di nuovo a Danzica, una città prevalentemente di lingua tedesca, ma parte della Polonia all'epoca.

A soli 16 anni, nel 1663, divenne la seconda moglie di Johannes Hevelius, un ricco mercante di Danzica di 36 anni più vecchio di lei. Fortunatamente condividevano la stessa passione per l'astronomia, il che rese il suo matrimonio felice nonostante la grande differenza di età.

Lei stessa divenne responsabile del loro osservatorio privato, costruito sui tetti di tre case vicine di proprietà di suo marito, e servì da assistente ai molti astronomi che lo visitavano. Elisabetha e Johannes ebbero un figlio, che morì presto, e tre figlie, la maggiore delle quali fu chiamata Catherina Elisabetha, come la madre. Tutte poi si sposarono ed ebbero figli. Elisabetha Hevelius lavorò per più di 10 anni con suo marito, cercando di migliorare le tabelle delle orbite planetarie di Kepler e di compilare un catalogo stellare, fino a quando un incendio, il 27 settembre 1679, mise a serio rischio questo lavoro di una vita.

L'incendio era stato causato da una candela lasciata accesa nella stalla dal cocchiere di Hevelius, e distrusse non solo i pregiati strumenti di ottone dell'osservatorio, i loro dati astronomici e la maggior parte delle copie dell'opera Machinae celestae, ma anche la loro biblioteca privata e la tipografia.

Nonostante un colpo così duro e la sua vecchiaia (aveva 68 anni all'epoca) l'astronomo decise di perseguire la sua impresa scientifica di decenni e, grazie anche ad alcuni potenti patronati, tra i quali anche i re di Francia Luigi XIV e quello di Polonia Giovanni III, l'osservatorio fu infine ricostruito e le osservazioni ripresero.

Si sostiene che la sua resilienza fosse almeno in parte alimentata dalla miracolosa salvezza di uno dei suoi manoscritti, un piccolo taccuino rilegato in pelle che

G. Bernardi, *Le sorelle dimenticate*, https://doi.org/10.1007/978-3-031-98547-8_11

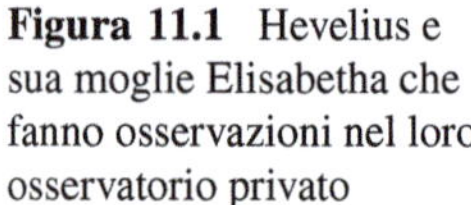

Figura 11.1 Hevelius e sua moglie Elisabetha che fanno osservazioni nel loro osservatorio privato

conteneva i risultati di migliaia di calcoli delle posizioni delle stelle fatte nel corso di decenni di paziente osservazione.

Fu riscoperto tre secoli dopo, e nel 1971 fu acquistato dalla Brigham Young University dello Utah, diventando la milionesima acquisizione della loro biblioteca. In occasione di questo evento, l'università pubblicò un volume intitolato "Johannes Hevelius e il suo catalogo di stelle" che riportava la vita e l'eredità di Hevelius, e l'odissea di 300 anni del suo catalogo di stelle fisse.

11.1   Opere

Johannes Hevelius era caduto in rovina dopo la distruzione del suo lavoro e degli strumenti, ma dopo la morte di suo marito il 28 gennaio 1687, esattamente il giorno del suo 76° compleanno, Elisabetha continuò da sola le loro ricerche, pubblicando i risultati delle loro osservazioni in un'opera intitolata Prodromus Astronomiae nel 1690.

A rigore, quest'opera è solo la prima di tre pubblicazioni contenute in un unico libro. Le altre due sono il Catalogus Stellarum, e un atlante di costellazioni chiamato Firmamentum Sobiescianum sive Uranographia.

In particolare, il Prodromus delinea la metodologia e la tecnologia utilizzate nella creazione del catalogo stellare e fornisce esempi dell'uso del sestante e del quadrante da parte di Johannes in tandem con le posizioni note del sole, nel calcolare la longitudine e la latitudine di ogni stella. Il Catalogus è il catalogo stellare più esteso ottenuto senza l'uso del telescopio ancora esistente, e contiene la posizione esatta

Figura 11.2 Johannes Hevelius, Prodromus Astronomia, volume III: Firmamentum Sobiescianum, sive Uranographia, tavola 55: Emisfero Settentrionale, 1690

di ben 1564 stelle. Infine, il Firmamentum Sobiescianum prende il suo nome dalla dedica al re di Polonia Giovanni III Sobieski e comprende 73 costellazioni.

Come specificato nel titolo completo, il Catalogus Stellarum unisce le nuove posizioni calcolate dalle loro osservazioni originali con quelle di altri cataloghi di astronomi precedenti, specificamente Tycho Brahe, il Langravio (Principe) Guglielmo IV di Assia, Giambattista Riccioli, Ulugh Begh, e Tolomeo. Questi sono riportati in forma tabellare, con diverse colonne che registrano per ogni stella (ordinate alfabeticamente secondo il nome della costellazione) la sua magnitudine come stimata da loro stessi e da Tycho, la longitudine e la latitudine eclittica di tutti i cataloghi sopra menzionati, e la loro ascensione retta e declinazione calcolate usando la trigonometria sferica.

Poiché il catalogo di Hevelius includeva circa 600 nuove stelle e una dozzina di nuove costellazioni non presenti negli altri (alcune delle quali sono ancora nominate come in questo catalogo) ogni costellazione è divisa in due sottogruppi: un primo comune a tutti i cataloghi e un secondo con stelle più deboli disponibili solo qui che ovviamente richiedeva una tabella più ristretta. Una delle cose più notevoli di questo catalogo è la scelta di Hevelius di fare le osservazioni usando nient'altro che l'occhio nudo dell'astronomo.

Figura 11.3 Johannes Hevelius, Prodromus Astronomia, volume III: Firmamentum Sobiescianum, sive Uranographia, tavola 56: Emisfero Meridionale, 1690

Tale decisione potrebbe sembrare strana e non ottimale per un periodo in cui i
telescopi stavano iniziando a imporsi sulle tecniche tradizionali, grazie anche al miglioramento tecnologico. Tuttavia, il fatto che le loro misurazioni fossero utilizzate
nella realizzazione di globi celesti fino all'inizio del diciottesimo secolo parla da
sé. Inoltre, considerando che la coppia possedeva uno dei telescopi più avanzati del
tempo suggerisce che questa era una decisione ben ponderata.

Potrebbe essere che questo fosse collegato alla sua vista particolarmente acuta
(o entrambe queste ragioni), e il fatto che le nuove stelle del catalogo sono tutte
all'estremità più debole della gamma visibile a occhio nudo, con alcune di esse
addirittura classificate come di settima magnitudine, sembra venire a sostegno di
questa ipotesi.

Tuttavia potrebbe semplicemente essere che i telescopi non erano ancora la scelta
migliore per l'astrometria di precisione. L'accuratezza della posizione astronomica quando si utilizzano i telescopi, infatti, dipende crucialmente da fattori come
l'assenza di difetti ottici e sulla loro manovrabilità di precisione, piuttosto che sul-

la capacità di raccolta della luce, alcune caratteristiche che potrebbero non essere sviluppate abbastanza in quel periodo.

Il Firmamentum Sobiescianum, pur essendo tecnicamente parte del Prodromus Astronomiae, è stato probabilmente pubblicato anche separatamente e in una tiratura più limitata. Prodotto con un proprio frontespizio e un sistema di numerazione delle pagine, l'atlante consisteva in due emisferi e 54 tavole a doppia pagina di 73 costellazioni.

Sia l'emisfero settentrionale che quello meridionale erano centrati su un polo eclittico, e la maggior parte delle posizioni stellari erano tutte basate su osservazioni di Johannes. Quelle che non lo erano, le stelle polari meridionali, erano basate su un catalogo e una mappa pubblicati nel 1679 da Edmond Halley.

Una caratteristica specifica delle mappe di questo libro è che sono rappresentate come se fossero viste dall'"esterno" della sfera celeste. Questa decisione è stata successivamente molto criticata dall'astronomo reale Flamsteed poiché forniscono una rappresentazione speculare del cielo, cioè invertita rispetto a ciò che può essere visto con l'osservazione diretta.

11.2 Fatti curiosi

L'Osservatorio Astronomico di Hevelius consisteva effettivamente di tre case raggruppate tra i numeri 33 e 35, delle quali Hevelius aveva unito i tetti per costruire il suo osservatorio astronomico, uno dei più raffinati e meglio attrezzati in Europa: lo Stellaeburgum, o "villaggio di stelle".

I tre edifici erano stati uniti molti anni prima, quando Hevelius aveva sposato la sua vicina, Katharine Rebeschke, di 2 anni più giovane di lui e che, mentre lui era impegnato nei suoi studi del cielo sul tetto, gestiva la birreria di famiglia nei piani sottostanti.

Nonostante la sua convinta preferenza per le osservazioni fatte a occhio nudo, nel suo osservatorio Hevelius costruì il telescopio più potente del tempo, che non aveva un tubo ed era lungo 150 piedi (46 m), per lo studio della superficie della Luna e dei pianeti.

Sullo stesso tetto, la piccola Elisabetha mise piede per la prima volta quando era ancora una bambina, subito rapita dalle meraviglie che quest'uomo paziente e così sicuro di sé, le mostrava:

Quando avrai l'età giusta – promise l'astronomo – ti mostrerò tutte le meraviglie del cielo.

Lei lo prese in parola. Nel 1662, pochi mesi dopo la morte della prima signora Hevelius, Elisabetha si presentò: aveva 15 anni, ora cresciuta (almeno per quell'epoca) ed era pronta a raccogliere la promessa. Hevelius aveva 52 anni quando la giovane e devota Elisabetha diventò sua seconda moglie.

L'aiuto di Elisabetha non era trascurabile: sapeva fare calcoli e maneggiare la complessa strumentazione sul tetto. Inoltre, conosceva il latino anche meglio di suo marito, aiutandolo a mantenere i contatti con altri astronomi europei. Infatti Hevelius entrò nella Royal Society di Londra nel 1664.

L'immagine più famosa della coppia Hevelius è da un'incisione di Machinae Celestae che raffigura Elisabeth e suo marito nell'atto di fare un'osservazione con un grande sestante di ottone.

Le prime mappe stellari di una serie pianificata che alla fine confluì nel Firmamentum Sobiescianum fu pubblicata, con l'aiuto di Elisabeth, nel 1673, e quando, dopo la pubblicazione del suo "Magnus opus" nel 1690, Elisabetha portò finalmente a termine la ricerca della loro vita per il loro catalogo stellare, continuò a custodire i manoscritti fino alla sua morte, nel 1693.

Un set completo delle loro opere pubblicate fu lasciato a ciascuna delle loro tre figlie, ma Catharina ricevette un'edizione speciale di quel libro, originariamente preparato come un regalo per il re di Francia Luigi XIV. La ragione può essere probabilmente spiegata come un segno di gratitudine alla persona che, all'età di 13 anni, presumibilmente salvò il manoscritto del catalogo delle stelle fisse dal disastroso incendio del 1679.

La storia di questo documento è infatti abbastanza singolare e di particolare interesse, poiché, dopo il primo salvataggio è sfuggito fortuitamente alla distruzione altre due volte fino ai nostri giorni. Una volta che Catharina si sposò, suo marito vendette la maggior parte dei preziosi libri di Hevelius a un museo in Russia, ma il manoscritto del catalogo stellare che era sopravvissuto all'incendio fu trascurato.

Ironia della sorte, il genero avido non giudicò la copia originale dell'opera principale di Hevelius abbastanza preziosa da venderla. Poi sopravvisse alle distruzioni di almeno due guerre: quell del 1734 quando, durante un assedio di Danzica, una bomba distrusse quasi tutto l'edificio in cui era conservata, e alla fine della Seconda Guerra Mondiale quando ancora una volta la sua esistenza fu messa a rischio da un incendio causato dai combattimenti.

Elisabetha Hevelius morì il 23 dicembre 1693, all'età di 46 anni, e fu sepolta nella stessa tomba del marito; la sua vita fu drammatizzata nel 2006 nel romanzo "La Cacciatrice di Stelle".

11.3   Cosa dissero di lei

Elisabeth Catherina Koopmann Hevelius è considerata una delle prime astronome donne, ed è anche chiamata la "madre delle mappe lunari". La sua passione per l'astronomia è testimoniata da una sua frase, citata da una biografia tedesca: "Rimanere e guardare qui sempre, avere il permesso di esplorare e proclamare con voi la meraviglia dei cieli; questo mi renderebbe perfettamente felice!"

Deve essere detto, tuttavia, che, poiché fu detta a Hevelius una notte, prima del loro matrimonio, mentre guardava attraverso il suo telescopio, era essenzialmente una proposta di matrimonio, che lui accettò volentieri.

Il 3 febbraio 1663, quando Johannes aveva 52 anni ed Elisabeth ne aveva 17, si sposarono a Danzica nella chiesa di Santa Caterina. Nonostante la loro grande differenza di età, ci sono molti indizi che ebbero un matrimonio felice. Infatti, tali unioni non erano così rare all'epoca, e inoltre avevano il vantaggio, dal punto di vista delle donne, di garantire l'accesso ad attività creative e intellettuali attraverso una sorta di apprendistato coniugale, che altrimenti sarebbe stato impossibile in una società dove l'educazione femminile era quasi completamente trascurata.

Un'altra biografia cita le parole di incoraggiamento più frequenti di Elisabeth a Hevelius: "Niente è più dolce che sapere tutto, e l'entusiasmo per tutte le buone arti porta, prima o poi, eccellenti ricompense."

Dagli scritti del matematico Johann Bernoulli III sappiamo che Elisabetha: "... si ammalò di vaiolo e ne fu segnata gravemente. Suo marito, che non aveva mai avuto questa malattia, non lasciò mai il suo letto di malattia e la curò fedelmente ..."

Elisabeth lavorò al fianco di Hevelius nel completare il catalogo stellare che era diventato il sacro graal della sua carriera scientifica e la sua più grande speranza per un duraturo lascito. Hevelius parlava sempre molto bene delle capacità scientifiche di Elisabetha.

Un esempio significativo del suo rispetto può essere trovato in una lettera al re di Francia, che includeva un'incisione del duo che faceva un'osservazione insieme. Ricordando il terribile incidente che distrusse la loro casa e l'osservatorio, scrisse: "Nella infelice sera prima dell'incendio mi sentivo profondamente turbato da paure inconsuete. Per sollevare il mio spirito, ho persuaso la mia giovane moglie, la fedele assistente per le mie osservazioni notturne, a passare la notte nella nostra casa di campagna fuori dalle mura della città ..."

L'astronomo britannico Edmond Halley aveva visitato Hevelius ed Elisabetha durante l'estate del 1679, poco prima che la loro casa e osservatorio fossero distrutti da un incendio. Questa scioccante notizia apparentemente raggiunse Halley dopo la sua partenza dai suoi ospiti, e sembra che un piccolo malinteso sia avvenuto nelle comunicazioni, poiché inviò un vestito non direttamente a Elisabetha, che lo aveva richiesto, ma al segretario della città di Danzica, insieme alla seguente lettera:

> Mi rendo perfettamente conto che la moglie addolorata di [Hevelius] deve indossare abiti di colore triste, eppure per diverse ragioni ho pensato bene di inviare l'abito procurato per lei ... perché non sono ancora certo che suo marito sia morto, nel qual caso giudico che niente sarebbe più sgradito che il ritardo ... poiché è di seta e dell'ultima moda, sono sicuro che piacerà molto a Mme Hevelius, se solo le sarà concesso di indossarlo ...

Il matematico François Arago, dopo la sua morte, scrisse sulla sua indole: "Si faceva sempre un complimento a Madame Hevelius, che fu la prima donna, a mia conoscenza, che non ebbe paura di affrontare la fatica di fare osservazioni e calcoli astronomici".

L'asteroide n. 12625 Koopman è stato nominato in suo onore, come il cratere Corpman situato sul pianeta Venere.

Capitolo 12
Jeanne Dumée (1660–1706)

[…] perché non c'è differenza tra il cervello di un uomo
e quello di una donna.

Nel 1660 Jeanne Dumée nacque in una famiglia borghese di Parigi. Fin da giovane Jeanne sviluppò una forte passione per la scienza, e la sua vivace intelligenza fu stimolata dall'attività della neofondata Accademia Reale delle Scienze. Questa istituzione era stata istituita dal re Luigi XIV, e fu successivamente affiancata da una Biblioteca Reale e il rinomato Osservatorio Astronomico, attirando immediatamente grandi scienziati e astronomi.

Tra questi possiamo ricordare il fisico olandese, matematico e astronomo Christiaan Huygens, che divenne il primo presidente dell'Accademia delle Scienze, e l'astronomo italiano Gian Domenico Cassini, primo direttore dell'Osservatorio Astronomico e progenitore di una celebre famiglia di astronomi.

Si sposò presto con un soldato professionista, che morì in guerra in Germania. All'età di 17 anni, vedova di un ufficiale di rango relativamente elevato, le fu lasciata una discreta sostanza, che permise a Jeanne un certo grado di indipendenza nel perseguire la sua sete di conoscenza, e in particolare in Astronomia.

12.1 Opere

Jeanne attrezzò il suo sottotetto come un osservatorio astronomico privato, fornito di un telescopio che equipaggiò con le ultime invenzioni come un micrometro, lenti oculari migliorate con elevate lunghezze focali. Questo era il punto di arrivo naturale di un serio percorso educativo che aveva iniziato leggendo tutto ciò che poteva trovare sull'argomento.

A Parigi, al suo tempo, esistevano 23 osservatori privati, e riuscì a visitarli tutti. Riuscì anche a vedere l'Osservatorio Reale che Luigi XIV inaugurò nel 1683 prima del suo completamento.

Fu esposta fin dall'inizio alle idee moderne del suo tempo come il Copernicanesimo e, grazie alla vivace attività scientifica della sua città, Jeanne poté conoscere gli ultimi progressi dell'astronomia, come, ad esempio, le scoperte di Gian Domenico

73

G. Bernardi, *Le sorelle dimenticate*, https://doi.org/10.1007/978-3-031-98547-8_12

Figura 12.1 Giovanni
Domenico Cassini, primo
direttore dell'Osservatorio
di Parigi che appare sullo
sfondo

Cassini riguardo a Giove, Marte e Saturno, o la grande mappa della Luna presentata
nel 1679 all'Accademia delle Scienze.

La sua profonda conoscenza dell'argomento e le sue osservazioni astronomiche
le conferirono una grande autorità all'interno dei "salotti" culturali dell'epoca, dove
Jeanne poteva brillare tra i suoi pari grazie alle esposizioni delle nuove tesi.

Presto divenne ben conosciuta e tenne conferenze popolari per un pubblico illuminato. Il successo delle sue mostre la spinse a costruire due sfere astronomiche
per una esposizione più facile e piacevole. La prima era una tradizionale sfera armillare che rappresentava la Terra al centro con il Sole, la Luna e i pianeti intorno;
la seconda sfera era invece basata sulla nuova cosmografia copernicana, mostrando
il Sole al centro e i pianeti che ruotano intorno ad esso.

Le sue conferenze ebbero tanto successo che fu persuasa a scrivere, nel 1680,
un'opera in cui spiegava in dettaglio i tre movimenti attribuiti alla Terra e forni-
va argomenti a favore e contro il sistema copernicano. Era intitolato "Entretiens
sur l'opinion de Copernic touchant a la mobilité de la Terre" (Discussioni sull'o-
pinione di Copernico riguardo alla mobilità della Terra), dedicato al Cancelliere de
Boucherant.

> Quello che affermo qui sulle idee di Copernico non ha lo scopo di stabilirle, – come ella
> scrisse prudentemente – e tanto meno di sostenerle, ma solo di mostrare le ragioni con cui i

Figura 12.2   Un raduno di ospiti illustri nel salotto della padrona di casa francese Marie-Thérèse Rodet Geoffrin (1699–1777) che è seduta a destra. Questo tipo di eventi costituiva una pratica comune dei "Saloni" che divennero comuni nell'alta società tra il diciassettesimo e il diciottesimo secolo

> Copernicani si difendono, e anche per compiacere qualche uomo dotto, che mi ha onorato
> con la sua visita, che vide una sfera che avevo preparato secondo queste opinioni.
>   Mi hanno costretto a divulgare le ragioni di queste tesi, e mi hanno spinto a scriverle.

Il Journal des sçavants annunciò la pubblicazione del suo libro e lodò l'autrice per aver spiegato chiaramente "i tre movimenti della Terra;" non è tuttavia certo che l'opera sia stata pubblicata, poiché solo la Biblioteca Nazionale di Parigi ha un manoscritto.

12.2   Fatti curiosi

Sebbene l'importanza di Jeanne Dumée per il suo contributo alla diffusione del sistema copernicano sia ben consolidata, non si sa cosa l'abbia spinta allo studio della scienza astronomica. C'è poco dubbio, tuttavia, che se suo marito non fosse morto prematuramente, avrebbe sicuramente deplorato la passione di sua moglie per l'osservazione del cielo come un'abitudine folle.

Un'altra obiezione che avrebbe potuto sollevare era riguardo alle sue tesi, che oggi definiremmo femministe. Jeanne infatti non si accontentava di essere colta, ma desiderava anche che altre donne potessero seguire il suo esempio. A torto, dice, esse si credono incapaci di studiare l'astronomia:

> On dira peut-être que c'est un ouvrage trop délicat aux personnes de mon sexe; je demeure d'accord que je me suis laissé touchée a l'ambition de travailler sur des matières auxquelles les dames de mon temps n'ont encore point pensé et même afin de leur faire connaître qu'elles ne sont pas incapables de l'étude, si elles s'en voulaient donner la peine, puisqu'entre le cerveau d'une femme et celui d'un homme il n'y a aucune différence. Je souhaiterais que mon livre leur put donner quelque émulation.

> Si dirà forse che è un'opera troppo delicata per le persone del mio sesso; ammetto di essermi lasciata toccare dall'ambizione di lavorare su argomenti ai quali le dame del mio tempo non hanno ancora pensato e anche per far loro sapere che non sono incapaci di studiare, se volessero prendersi la pena di farlo, poiché tra il cervello di una donna e quello di un uomo non c'è alcuna differenza. Desidererei che il mio libro potesse suscitare in loro una qualche emulazione.

Purtroppo, sembra che quest'opera, almeno nell'immediato, non abbia contribuito molto alla realizzazione del suo desiderio. Apparentemente non ha goduto di una grande diffusione se, come sappiamo, persone come l'astronomo francese Jérôme de Lalande, che cercava una copia stampata, non è stato in grado di trovarne alcuna.

Tuttavia, come abbiamo già accennato sopra, è possibile che il manoscritto non sia mai stato pubblicato anche se lo scienziato tedesco Johann Friedrich Weidler nella sua Historia Astronomiae sive de Ortu et Progressu Astronomiae (Storia dell'Astronomia, o sull'ascesa e progresso dell'Astronomia) pubblicata nel 1741, lo menziona come una pubblicazione effettiva.

Il manoscritto degli Entretiens sur l'opinion de Copernic touchant a la mobilité de la Terre (Conversazioni sull'opinione di Copernico riguardante la mobilità della Terra), si trova ora alla Bibliothèque Nationale di Parigi, con il numero di catalogo 19941.

12.3   Cosa dissero di lei e cosa diceva di se stessa

Jeanne Dumée è citata tra le astronome da Jérôme de Lalande nel suo testo "Astronomie des dames" (Astronomia delle signore, Parigi, Bidault, 1806, p. 6), così come, in tempi più recenti, da Jean-Pierre Poirier nel suo libro "Histoire des femmes de sciences en France", 2002.

Curiosa, indipendente e sicura di sé, Jeanne scrisse già nel diciasettesimo secolo: "… entre le cerveau d'une femme et celui d'un homme il n'y a aucune différence" o "… non c'è differenza tra il cervello di un uomo e quello di una donna."

Parte III

Linea temporale da Maria Margarethe Winkelmann-Kirch a Nicole-Reine Étable de la Brière Lepaute

1718 Halley misura i primi moti propri delle stelle

1729 James Bradley annuncia la scoperta dell'aberrazione della luce e del fenomeno della nutazione

1751 Diderot e D'Alambert iniziano a pubblicare l'Enciclopedia

1755 il filosofo tedesco Kant espone la prima teoria moderna dell'origine e dell'evoluzione del Sistema Solare

1774 Charles Messier pubblica il suo catalogo di oggetti celesti

1776 Dichiarazione d'Indipendenza degli Stati Uniti d'America

1781 William Herschel scopre Urano

1787 Lavoisier pubblica un trattato di chimica elementare in cui afferma la Legge della Conservazione della materia

1788 il matematico italiano Lagrange pubblica la Meccanica Analitica

1789 Rivoluzione Francese

1800 William Herschel scopre i raggi infrarossi osservando la luce solare

Capitolo 13
Maria Margarethe Winkelmann-Kirch
(1670–1720)

Una cometa tutta sua

Ancora nelle terre teutoniche, ci spostiamo a Panitsch, vicino a Lipsia, nello stato tedesco della Bassa Sassonia, per incontrare la prima donna che ha ufficialmente scoperto una cometa: Maria Winkelmann, nata il 25 febbraio 1670.

Fin da molto giovane fu educata da suo padre, un pastore luterano, che credeva in un'educazione paritaria per entrambi i sessi. All'età di 13 anni, perse entrambi i genitori e la sua educazione continuò sotto il suo tutore, lo zio Justinus Toellner.

Maria Margarethe si interessò di astronomia già in tenera età e ebbe l'opportunità di diventare studentessa, apprendista e poi infine assistente di Christoph Arnold Sommerfeld noto come l'"astronomo contadino", che scopri una cometa nel 1683.

Fu probabilmente in questo circolo che ebbe l'opportunità di incontrare il suo futuro marito, l'astronomo e matematico Gottfried Kirch (1639–1710) che divenne uno dei più famosi astronomi tedeschi del tempo. Pubblicò una lunga serie di calendari ed efemeridi e scopri una cometa nel 1680, che divenne la prima cometa nella storia scoperta con un telescopio.

Più tardi, nel 1686, scoprì anche la stella variabile X-Cygni, la terza conosciuta al tempo. Nacque durante la Guerra dei Trent'anni e suo padre Michael Kirch, un sarto, dovette fuggire con la sua famiglia dalla sua città natale di Guben.

Kirch visse un'infanzia piuttosto movimentata, e probabilmente non ottenne un diploma, ma aveva buoni contatti accademici, come ad esempio Erhard Weigel, professore di matematica all'Università di Jena dal 1653 al 1699, che lo raccomandò al famoso astronomo Johann Hevelius.

Grazie a questa raccomandazione, poté lavorare per un breve periodo, nel 1674, a Danzica nel ben attrezzato osservatorio privato di Hevelius, probabilmente incontrando anche la sua seconda moglie, l'astronoma Elisabetha Koopman.

Prima di ottenere la cattedra Kirch si manteneva con la preparazione di calendari e come insegnante, vivendo in vari luoghi come Langgrun, dove nel 1667 sposò la sua prima moglie Maria Lang che morì nel 1690 dopo aver dato alla luce sette figli e una figlia.

Sebbene la famiglia Winkelmann fosse originariamente contraria all'unione, a causa dei 30 anni di differenza, e poiché desideravano che Maria Margarethe sposas-

© The Author(s), under exclusive license to Springer Nature Switzerland AG 2025

G. Bernardi, *Le sorelle dimenticate*, https://doi.org/10.1007/978-3-031-98547-8_13

se un pastore luterano, l'8 maggio 1692 sposò Kirch, forse seguendo il suo interesse astronomico.

Ebbero sette figli, cinque figlie e due figli, che furono tutti educati fin dalla più tenera età all'attività di famiglia, ovvero l'astronomia, ma a parte il primogenito Christfried, Christine e Margarethe, non ci sono informazioni sugli altri figli. Inizialmente vissero in Sassonia, a Lipsia e Guben, per alcuni anni, prima di trasferirsi nel 1700 a Berlino dove Kirch accettò la cattedra.

13.1   Kalenderpatent

Stabilitosi a Berlino, Kirch diresse gli studi di sua moglie come aveva fatto con le sue tre sorelle, che anche dopo la sua nomina a astronomo a pieno titolo, il 18 maggio 1700, si mantenevano principalmente producendo calendari, ma anche almanacchi, libri di osservazioni e di calcoli.

La produzione di calendari merita una spiegazione più dettagliata. Questo incarico, chiamato Kalenderpatent, fu specificamente creato da Federico III, Elettore di Brandeburgo, nel suo editto del 10 maggio 1700.

Questo editto seguì la decisione degli stati protestanti tedeschi di introdurre, a partire dall'anno 1700, un nuovo e migliorato calendario, identico in pratica al Gregoriano cattolico eccetto per la data della Pasqua, che sarebbe stata calcolata da astronomi qualificati.

Questo editto introdusse quindi un monopolio nell'Elettorato di Brandeburgo, e successivamente in Prussia, per la realizzazione di questo calendario e l'imposizione di una "tassa sul calendario" i cui proventi erano utilizzati per pagare gli astronomi e gli altri membri dell'Accademia delle Scienze di Berlino.

L'accademia fu fondata nello stesso anno, l'11 luglio, e Federico III promise anche la creazione di un osservatorio a Berlino, poi inaugurato il 19 gennaio 1711. Kirch produsse nel 1700 il primo calendario della serie: "Chur Brandenburgischer Verbesserter Calendar Auff das Jahr Christi 1701" (Calendario Riformato del Brandeburgo per l'Anno di Cristo 1701) e in questo impegno fu assistito da sua moglie Maria Margarethe.

Sebbene le condizioni di osservazione a Berlino non fossero le più favorevoli, l'Osservatorio Astronomico continuò nella sua realizzazione, mentre la famiglia Kirch perseguiva i suoi doveri osservando con piccoli strumenti trasportabili che, inizialmente, erano posti sui tetti della loro casa, e dopo il 1708 sulla torre dell'Osservatorio ancora incompleto.

Da qui Maria Margarethe si alternò per anni con suo marito nelle notti di osservazione al telescopio, ma oltre a ciò si riservava anche il lavoro di calcolo delle effemeridi. Era consuetudine all'epoca incorporare tutti i risultati sotto l'autorità di suo marito, quindi non è sorprendente apprendere che la scoperta di una cometa del 1702 di Maria Margarethe fu resa pubblica con il nome del marito e che solo dopo alcuni anni fu ufficialmente attribuita a lei.

Figura 13.1 Una riproduzione del 1824 dell'Antico Osservatorio Astronomico di Berlino ufficialmente aperto nel 1710

13.2 Scoperte e opere

Poco prima del mattino del 21 marzo 1702 Maria Margarethe, durante una notte di osservazione, scopri la cometa C/1702 H1 che fu poi chiamata la "Cometa del 1702".

Nelle parole di suo marito: "All'inizio della mattina il cielo era chiaro e stellato. Alcune notti prima avevo osservato una stella variabile, e mia moglie voleva trovarla per vederla da sola. Facendo ciò ha trovato una cometa nel cielo. A quel punto mi ha svegliato e ho constatato che era davvero una cometa … ero sorpreso di non averla vista la notte prima."

Kirch successivamente confermò che la scoperta doveva essere attribuita a sua moglie.

Tra le sue opere, pubblicate sotto il nome di Maria Margarethe, rimangono alcuni trattati riguardanti l'osservazione dell'aurora boreale, o luci polari settentrionali, del 1707, l'opuscolo Von der Conjunction der Sonne des Saturni und der Venus (sulla congiunzione del Sole a Saturno e Venere) del 1709, e la previsione della congiunzione di Giove e Saturno nel 1712, che includeva le osservazioni astronomiche e astrologiche, come era consuetudine, soprattutto durante le congiunzioni di pianeti, anche se Maria Margarethe cercava di distanziarsi dagli astrologi.

Tutte le altre opere, principalmente riguardanti i calcoli per i calendari e le loro osservazioni, furono pubblicate sotto il nome di suo marito o di loro figlio.

13.3 Curiosità

Quando Kirch morì il 25 luglio 1710, Maria Margarethe continuò le sue osservazioni nonostante vari ostacoli. Infatti, le fu inizialmente negato l'incarico della preparazione del calendario perché, anche se il lavoro era sempre stato effettivamente svolto da lei, l'Accademia delle Scienze aveva ufficialmente nominato suo marito per questo compito.

Desiderando evitare il precedente di una presenza ufficiale di una donna in un'istituzione pubblica, l'Accademia, nonostante il sostegno aperto del presidente – il fisico-filosofo Gottfried Leibniz – rifiutò la sua domanda, anche con un compito minore, che tuttavia era necessario per continuare il suo lavoro sui calendari.

Il segretario dell'Accademia, Johann Jablonski, scrisse: "Già durante la vita di suo marito la società era oggetto di pubblico scherno poiché il calendario era preparato da una donna. Se ora le fosse permesso di continuare con tale incarico, lo stupore sarebbe ancora maggiore." Il successore di suo marito alla Direzione dell'Osservatorio e alla compilazione dei calendari divenne, nel 1711, Johann Heinrich Hoffmann, uno dei suoi studenti.

Dopo il definitivo rifiuto del 1712, Maria Margarethe espresse la sua delusione in questo modo: "Ora attraverso un severo deserto, e l'acqua è scarsa perché … … il gusto è amaro."

Nello stesso periodo lei scrisse nell'introduzione di una sua pubblicazione che una donna poteva diventare "tanto abile quanto un uomo nell'osservare e capire il cieli."

Nell'ottobre 1712 Maria Margarethe, insieme ai suoi figli, fu ammessa come astronoma all'osservatorio privato di Berlino del Barone Bernhard Friedrich von Krosigk, dove lavorò come insegnante.

Formò sua figlia Christine e suo figlio Christfried come assistenti, pubblicando efemeridi e continuando il suo lavoro sul calcolo dei calendari per le città di Wroclaw (la tedesca Breslau), Norimberga e Dresda così come per l'Ungheria, fino alla sua morte.

Quando il Barone morì, si trasferì a Danzica, per riorganizzare e utilizzare l'osservatorio del famoso Johannes Hevelius. Nel 1716 le fu proposto di diventare astronoma alla corte dello Zar di Russia Pietro il Grande, ma lei rifiutò l'offerta perché il figlio Christfried era diventato direttore dell'Osservatorio di Berlino, dopo la morte di Hoffmann, e le era implicitamente richiesto di rimanere al suo fianco come assistente, tanto preziosa quanto invisibile quando gli ospiti visitavano l'osservatorio.

Alla fine fu allontanata dall'osservatorio dall'Accademia delle Scienze, perché rifiutò di rimanere nell'ombra, e morì 3 anni dopo, il 29 dicembre 1720, a 50 anni. Sua figlia Christine assistette il fratello nelle osservazioni e nei calcoli astronomici e per molti anni le fu affidato il calcolo del calendario per la Slesia.

Figura 13.2 L'Osservatorio del Barone Bernhard Friedrich von Krosigk, dove Maria Kirch ha lavorato come insegnante dopo la morte di suo marito, in un'incisione di G.P. Busch

13.4 Cosa dissero di lei

Il presidente dell'Accademia delle Scienze, Gottfried Wilhelm Leibniz, nel 1709 presentò Maria Winkelmann alla corte prussiana, dove lei spiegò la sua osservazione delle macchie solari. In una lettera di presentazione Leibniz scrisse:

> C'è [a Berlino] una donna molto erudita che potrebbe passare per una rarità. Il suo merito non è in letteratura o retorica ma nelle più profonde dottrine dell'astronomia .... Non credo che questa donna trovi facilmente il suo pari nella scienza in cui eccelle .... Lei favorisce il sistema copernicano (l'idea che il sole è fermo) come tutti gli astronomi eruditi del nostro tempo. Ed è un piacere sentirla difendere quel sistema attraverso la Sacra Scrittura in cui è anche molto erudita. Osserva con i migliori osservatori, sa maneggiare meravigliosamente il quadrante e il telescopio. (Lettera a Sophie Charlotte, gennaio 1709)

Alphonse des Vignoles, vicepresidente dell'Accademia di Berlino, scrisse nel 1721: "Se si considerano le reputazioni di Madame Kirch [Winkelmann] e Mlle Cunitz, si deve ammettere che non c'è ramo della scienza ... in cui le donne non siano capaci di realizzazioni, e che in astronomia, in particolare, la Germania prende il premio sopra tutti gli altri stati in Europa."

E disse anche nel suo elogio: "Madame Kirch preparava oroscopi su richiesta dei suoi amici, ma sempre contro la sua volontà e per non essere sgarbata con i suoi mecenati." Suggerendo così che aveva semplicemente un interesse finanziario nel perseguire questo tipo di attività non scientifica.

La storica della scienza Lettie Multhauf, nel suo Dizionario di Biografia Scientifica, scrisse: "Andò a lavorare nell'osservatorio ben attrezzato di Krosigk nel 1712, e alla sua morte nel 1714 si trasferì a Danzica. Pietro il Grande voleva che venisse in Russia, ma quando suo figlio Christfried, divenne l'astronomo dell'Osservatorio di Berlino, lei si unì a lui lì."

13.5   Riconoscimenti

Il lavoro di Maria Winkelmann è stato ampiamente celebrato, e nel 1711 lei ricevette una medaglia dell'Accademia.

Il pianeta minore n. 9815 è stato chiamato Mariakirch in onore dell'astronoma Maria Margarethe Winkelmann Kirch.

Capitolo 14
Maddalena (1673–1744) e
Teresa (1679–1767) Manfredi

Sii meno curioso delle persone e più curioso delle idee.

(Marie Sklodowska Curie)

Maddalena e Teresa erano due sorelle di una famiglia della piccola borghesia di Bologna. La prima nacque nel 1673 e sua sorella 6 anni dopo, nel 1679. Anche se loro padre, Alfonso Manfredi, era un notaio, la famiglia non era in grado di sostenere tutti i suoi membri, quindi la madre Anna Maria Fiorini mandò tre dei quattro fratelli all'Università di Bologna per i loro studi, mentre l'educazione delle figlie si concluse in un convento di suore terziarie.

Maddalena e Teresa impararono Astronomia, Matematica e Latino all'interno della famiglia e del cerchio di amici che frequentavano la loro casa. Uno dei fratelli, Eustachio Manfredi (1674–1739), divenne lettore pubblico di matematica all'Università di Bologna, e professore universitario 1699.

Era uno scienziato e astronomo di spicco, e grazie a lui l'educazione privata delle sorelle godette di uno stretto contatto con i fratelli e i loro amici scrittori e scienziati. Eustachio era un sostenitore di una cultura eclettica e nella sua stessa casa, insieme ai suoi amici, incoraggiava conversazioni su diversi argomenti come la storia, la letteratura e la fisica sperimentale.

Fu da questi, per così dire, "incontri casalinghi" che Eustachio fondò, appena 16enne, l'Accademia degli Inquieti, dedicata alla letteratura e alle scienze sperimentali. Questo circolo culturale mirava a connettersi con la cultura europea, e in futuro segnò una svolta per lo studio e la ricerca dell'Università di Bologna.

Tra gli ospiti illustri della famiglia si possono trovare il medico Giovanni Battista Morgagni (1682–1771), il poeta Pier Jacopo Martello (1665–1727), il poeta e naturalista Ferdinando Antonio Ghedini (1684–1768) il filosofo Francesco Maria Zanotti (1692–1777), il fisico Francesco Algarotti (1712–1765) e molti altri.

Un particolare legame di comunanza legava i Manfredi alla famiglia del pittore e storico dell'arte Giampietro Zanotti (1675–1765) e alle sue figlie Maria Teresa e Angiola Anna Maria. Con l'eccezione del fratello più giovane Emilio, l'unico che non frequentò l'Università per diventare gesuita, gli altri fratelli non ebbero fortune molto diverse: entrambi studiarono medicina, e Gabriele (1681–1761) studiò medicina diventando un docente di Matematica e autore di famose opere sul calcolo

G. Bernardi, *Le sorelle dimenticate*, https://doi.org/10.1007/978-3-031-98547-8_14

Figura 14.1 Eustachio Manfredi, primo direttore dell'osservatorio di Bologna e fratello di Teresa e Maddalena

differenziale, mentre Eraclito (1682–1759) dopo il suoi studi fu prima nominato docente onorario di Astronomia e poi professore di Idrometria.

Le posizioni ricoperte dai fratelli Manfredi, sebbene rilevanti nel panorama culturale, erano poco retribuite. A causa di questa condizione finanziaria tutt'altro che florida, solo uno di loro, Gabriele, si sposò.

Questi motivi favorirono la formazione di una "famiglia allargata" strettamente legata, impegnata nella creazione di un'impresa culturale che potesse aiutare a migliorare il bilancio comune.

Maddalena e Teresa dedicarono le loro forze fisiche e mentali all'amministrazione dell'impresa familiare, alla collaborazione scientifica nelle opere dei loro fratelli, e alla produzione di opere letterarie per il mercato della borghesia colta di Bologna.

Eustachio Manfredi divenne il capo di questa famiglia, e all'inizio del 1700 si trasferirono tutti nel palazzo del conte Luigi Ferdinando Marsili (1658–1730), che, sebbene impegnato in campagne militari, era desideroso di creare un'accademia a Bologna sul modello dell'Académie Royale des Sciences di Parigi, e della Royal Society di Londra.

Figura 14.2 Vista di Bologna con la torre dell'Osservatorio Astronomico. Antonio Basoli (1826)

Eustachio diede al Conte un aiuto fondamentale per la creazione dell'Accademia delle Scienze di Bologna con un'impronta decisamente sperimentale. Nel frattempo, nella sua casa era stata preparata una cupola astronomica e si sa da testimonianza diretta che i fratelli e le sorelle si impegnarono ad aiutare con i calcoli astronomici fino al 1711, quando Eustachio fu nominato astronomo dell'Accademia e si trasferì in Via Zamboni nella nuova sede.

Le sorelle Maddalena e Teresa lo seguirono anche in questo avvenimento, e pur rimanendo volutamente nell'ombra del fratello, guadagnarono una certa fama grazie alla letteratura.

14.1 Opere

Maddalena e Teresa non firmarono mai le loro opere, sia letterarie che scientifiche. Ma il loro contributo fu significativo per ripristinare la fama internazionale degli studi astronomici di Bologna.

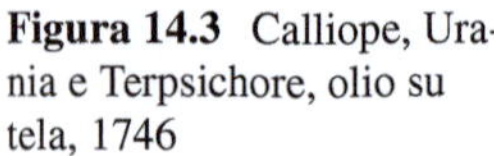

Figura 14.3 Calliope, Urania e Terpsichore, olio su tela, 1746

La loro collaborazione nell'impresa familiare consisteva in osservazioni astronomiche e calcoli matematici delle Ephemerides motuum Coelestium (Efemeridi del moto celeste, 1715) del loro fratello Eustachio.

Quest'opera fu considerata per decenni in tutta Europa lo strumento più esteso e completo per la caratterizzazione astronomica dei siti tra i tanti realizzati in Europa, contribuendo così notevolmente alla ripresa dell'Università locale.

Alla fine del manoscritto dell'Introductio in Ephemerides di Eustachio Manfredi, conservato a Bologna, leggiamo la seguente nota, che manca nell'edizione stampata: "Ho iniziato le efemeridi nel dicembre 1712 a Bologna. Con molte interruzioni continuarono negli anni successivi con l'aiuto delle mie due sorelle Maddalena e Teresa, e del signor Giuseppe Nadi, e ancora qualche altro dal signor Cesare Parisij … La tavola delle longitudini e latitudini fu calcolata da mia sorella Maddalena nel 1702 o 1703."

Il lavoro astronomico dei fratelli e delle sorelle Manfredi e dei loro amici, nonostante l'alto livello scientifico e la tecnologia avanzata, era un tipico prodotto "casalingo" del XVIII secolo. Le osservazioni astronomiche furono fatte prima dalla casa di Vittorio Francesco Stancari (1678–1709) e poi in quella dei Manfredi, e gli strumenti, che includevano un telescopio di 5 metri e un sestante con mirini telescopici, furono costruiti da loro stessi.

I calcoli erano il risultato di un lungo e noioso lavoro e per la prima volta si svilupparono al punto che potevano diventare accessibili anche ai non specialisti, che potevano quindi essere impiegati nella loro realizzazione.

La compilazione e la stampa delle Ephemerides Bononienses, per la cui realizzazione furono utilizzate le cosiddette "tavole Cassini" fatte a Parigi, come detto sopra fu fatta da Eustachio Manfredi con l'importante aiuto delle sorelle Teresa e Maddalena, ma è possibile che anche una terza sorella, Agnese Manfredi, abbia collaborato a questo lavoro.

Alla fine contenevano tutto ciò che poteva essere utile per il determinazione astronomica delle coordinate geografiche di un sito. Furono anche accompagnate da un volume introduttivo intitolato Introductio in Ephemerides che descriveva in dettaglio il loro uso, insieme alle varie operazioni che dovevano essere eseguite per l'installazione di una stazione astronomica.

E. Manfredi, Ephemerides motuum celestium ex anno MDCCXXV in annum MDXXL, Bologna, 1725.

14.2 Fatti curiosi

Oltre al lavoro astronomico, Eustachio ebbe anche la collaborazione delle sorelle per svolgere ricerche letterarie per il suo scritto erudito "Compendiosa informazione di fatto sopra i confini della comunità ferrarese di Ariano con lo Stato Veneto" del 1735.

La pratica di lasciare le loro opere non firmate deve essere ricondotta all'uso dell'epoca, ma forse anche a un'abitudine personale di considerare il loro lavoro principalmente nell'ambito di una cerchia piuttosto limitata, senza cercare alcuna fama al di fuori di essa. Ad esempio, non firmarono mai la traduzione del loro Bertoldo e Chiaqlira. Tuttavia, era generalmente noto che erano le autrici, soprattutto tra i rappresentanti della borghesia intellettuale di Bologna che amavano invitare le due sorelle alle loro feste ed eventi. Da questo punto di vista, quindi, non c'era bisogno di firmarli.

La famiglia Manfredi coltivò sempre una doppia passione per la poesia e la scienza, tipica del XVIII secolo, quindi non è sorprendente scoprire che i loro membri affiancavano le loro pubblicazioni astronomiche a opere letterarie per eruditi e persone comuni.

Eustachio divenne membro della prestigiosa Accademia della Crusca per i suoi versi latini, mentre le sorelle Maddalena e Teresa si dilettavano con il dialetto. Il loro primo lavoro fu la traduzione di storie dal napoletano al dialetto di Bologna e la loro integrazione con nuove canzoni, proverbi, rime e allegorie: Bertoldo con Bertoldino e Cacasenno in ottava rima aggiuntavi una traduzione in lingua bolognese (1740).

Poco dopo, nel 1742, tradussero altri versi napoletani in La Chiaqlira dla Banzola o per dir mιi Fol divers tradutt dal parlar Napulitan in lengua Bulgnesa per rimedi innucent dla sonn, e dla malincunj dedica al merit singular del nobilissm Dam d'Bulogna ... (1742).

Queste due opere ebbero un grande successo, tanto che 2 anni dopo arrivò la traduzione del Pentamerone di Giovan Battista Basile, una raccolta di deliziose fiabe ancora in napoletano, conosciuta anche come Lo cunto de li cunti – Il racconto dei racconti – che avrà una notevole influenza sugli autori di fiabe come Perrault o i fratelli Grimm.

- Traduzione in dialetto bolognese di Bertoldo con Bertoldino e Cacasenno, Bologna, Lelio da Volpe, 1740.
- La Chiaqlira dla Banzola o per dir mui Fol divers tradutt dal parlar Napulitan lengua Bulgnesa per rimedi innucent dla sonn, e dla malincunj dedica al merit singular del nobilissm Dam d'Bulogna ... (1742)
- Traduzione in dialetto bolognese del Pentamerone, di Giovan Battista Basile, Bologna, 1742.

Maddalena morì a 72 anni l'11 marzo 1744, mentre sua sorella Teresa terminò la sua vita 23 anni dopo, l'8 ottobre 1767.

14.3   Cosa dissero di loro

Secondo lo scrittore e storico Giovanni Fantuzzi, le sorelle Manfredi acquisirono "una grande conoscenza delle tavole e dei calcoli astronomici [...] così che i primi due tomi Ephemeris si devono, se non tutti, la maggior parte, comunque, alla diligenza e allo studio di queste due calcolatrici" [Fantuzzi 1786–1789, p. 188].

Secondo la scrittrice italiana Ilaria Magnani Campanacci, la vita delle due sorelle Manfredi è caratterizzata da un senso di proporzione e concretezza che si bilancia tra una crescente consapevolezza del loro talento e l'accettazione di un ruolo sottomesso alla figura pubblica maschile del loro fratello: "È chiaro da molte indicazioni, che possono essere estratte sia dai dati dei loro biografi settecenteschi sia dalle loro rime ... che nella ricorrente polemica maschile contro la donna colta parlano apertamente e vivacemente a favore del diritto di una donna di fare uso della sua mente nonostante coloro che vorrebbero che fosse stupida [...]. Ma respingono fermamente anche la possibile tentazione di attribuire loro un carattere sentenzioso [...] quindi in accordo, anche se con un grado sconosciuto di autoironia, con l'opinione negativa dominante su una donna che fa uno spettacolo indebito e molesto della sua conoscenza. [...]

In breve, le Manfredi erano la dimostrazione pratica del genio femminile [...] applicato allo studio, ma piuttosto come complemento invece che alternativa agli impegni di una donna. Non con un atteggiamento competitivo, ma in stretta e solidale collaborazione con le figure intellettuali più riconosciute dei loro fratelli accademici" [Magnani Campanacci 1988, p. 48].

Capitolo 15
Maria Clara Eimmart (1676–1707)

I grandi uomini di scienza sono artisti supremi.

(Martin H. Fischer)

Alla fine del XVII secolo, in un'epoca in cui la fotografia non esisteva ancora, e quindi non poteva essere utilizzata a supporto dell'astronomia, erano necessarie altre tipologie di competenze per questa attività.

Ad esempio, a Norimberga, in Germania, si poteva vedere di notte, sui tetti delle case vicino alle mura della città, una donna che osservava all'oculare di un telescopio. È famosa per le sue osservazioni, ma non sono di quel tipo che possono riempire i cataloghi con numeri.

Piuttosto, doveva riportare fedelmente ciò che stava vedendo tramite i suoi disegni. Pazientemente, e noncurante del freddo, notte dopo notte componeva queste tavole con comete, macchie solari, eclissi, pianeti e soprattutto con montagne lunari. Il suo nome era Maria Clara Eimmart.

Nata il 27 maggio 1676, era un'astronoma e incisore, in realtà una delle prime e più talentuose disegnatrici di tavole astronomiche, alcune delle quali sono conservate in Italia, presso l'Osservatorio Astronomico di Bologna.

Sua madre era Mary Walther e suo padre Georg Chistoph Eimmart il giovane (1638–1705) un pittore e incisore di successo, come lo era suo padre Georg Chistoph Eimmart il vecchio, un pittore di paesaggi, ritratti e soggetti storici.

Il padre di Maria Clara nacque a Resenburg nel 1638 e tra il 1655 e il 1658 studiò matematica a Jena, trasferendosi a Norimberga nel 1660 per raggiungere sua sorella che, insieme a suo marito, aveva fondato uno studio d'arte.

Dal 1699 al 1704 fu nominato direttore dell'Accademia di Arti di Norimberga, la Malerakademie, ma essendo anche un astronomo amatoriale e poiché la sua attività principale era redditizia, fu in grado di acquistare diversi strumenti astronomici. Non si fermò lì e costruì anche un osservatorio privato che in seguito divenne l'Osservatorio Astronomico della città di Norimberga e, alla fine del secolo, il più grande centro di osservazione astronomica in Germania. Alla fine divenne un osservatore diligente pubblicando i suoi risultati in diverse memorie.

Maria Clara crebbe immersa in questo ambiente di arte e scienza, grazie a suo padre studiò francese, latino e matematica, e apprese il suo mestiere specializzando-

© The Author(s), under exclusive license to Springer Nature Switzerland AG 2025

G. Bernardi, *Le sorelle dimenticate*, https://doi.org/10.1007/978-3-031-98547-8_15

Figura 15.1 Maria Clara Eimmart nacque in una famiglia di artisti che erano anche attivi nella pittura astronomica, come dimostrato da questo "Planisphaerium Coeleste", di suo padre

si in illustrazioni botaniche e astronomiche. Anche in quest'ultimo campo apprese le sue competenze astronomiche direttamente da suo padre, diventando infine la sua assistente presso il loro osservatorio, che presto divenne il punto di incontro per diversi astronomi.

Tra questi conobbe il suo futuro marito, Johann Heinrich Müller (1671–1731) professore di astronomia ad Altorf. Divenne uno studente di suo padre e insegnò fisica al liceo di Norimberga.

Si sposarono il 20 gennaio 1706, e dopo la morte di suo padre l'Osservatorio Astronomico fu acquistato dalla Città di Norimberga e Johann fu nominato come il nuovo direttore. Il 12 maggio 1706 Maria Clara osservò l'eclissi totale dall'Osservatorio, ma i disegni realizzati per quell'occasione andarono persi.

L'anno successivo terminò la sua breve vita morendo di parto. Il bambino non sopravvisse.

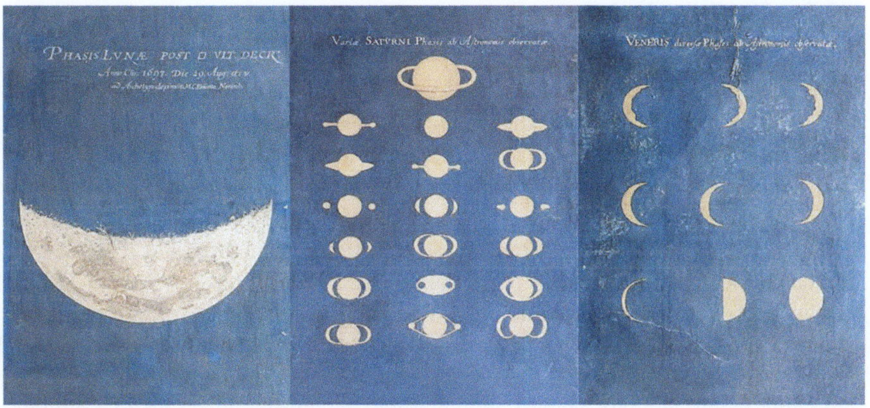

Figura 15.2 Illustrazioni astronomiche di Maria Clara Eimmart

15.1 Opere

Come era comune in altri campi scientifici, i trattati astronomici del tempo erano accompagnati da appendici con illustrazioni, ad esempio l'opera pubblicata nel 1701 Ichonographia nova contemplationum de sole in desolatis antiquorum philosophorum ruderibus concepta (Iconografia nuova delle contemplazioni sul sole concepita tra le rovine desolate dei filosofi antichi) e scritta da George Christoph Eimmart include alcune illustrazioni di Maria Clara, e anche se alcuni sostengono che l'intera opera sia di Maria Clara e sia stata pubblicata sotto il nome di suo padre, tuttavia non ci sono prove a sostegno di questa affermazione.

Lo scopo scientifico di questi disegni è evidente non solo per la loro precisione, ma anche perché il giorno di osservazione è registrato.

Alcune delle più belle delle dettagliate illustrazioni di Maria Clara sono diverse tavole che raffigurano diverse comete e pianeti come Mercurio, Venere, Marte, Giove e Saturno, con 350 illustrazioni che mostrano le fasi della Luna, che furono realizzate come base per una nuova mappa lunare.

Furono il risultato di attente osservazioni al telescopio fatte tra il 1693 e il 1698, uno strumento che stava diventando sempre più diffuso, e presto divenne uno strumento essenziale per una comunità scientifica che non poteva ancora utilizzare lastre fotografiche. Queste tavole dovevano illustrare l'opera di suo padre Micrographia stellarum phases lunae ultra 300 (Oltre 300 micrografie delle stelle e delle fasi della luna) e sono caratterizzate dai fogli blu su cui sono disegnate con i pastelli.

15.2   Fatti curiosi

Come accennato sopra, i disegni che Maria Clara Eimmart realizzò durante la sua breve vita non riguardavano esclusivamente soggetti astronomici, ma includevano anche fiori, uccelli e antiche statue. Purtroppo tutti sono andati persi, tranne uno raffigurante una vestale che è conservato al Museo Nazionale di Germanicus, a Norimberga.

Anche il marito di Maria Clara trasse beneficio dal matrimonio, perché l'Osservatorio Astronomico faceva parte del suo patrimonio, passando dalla figlia al marito, che ne divenne il direttore nel 1705, lo stesso anno in cui morì il padre.

Dieci delle opere di Maria Clara possono oggi essere ammirate a Bologna, al Museo dell'Osservatorio dell'Università. Fanno parte delle dodici che arrivarono qui come regalo al conte Marsili, collaboratore scientifico di suo padre e cittadino di questa città, che abbiamo già incotrato nel capitolo precedente come patrono di altre due astronome e che in seguito le donò tutte all'osservatorio.

Le altre due tavole devono essere state perse qualche tempo dopo l'acquisizione da parte dell'osservatorio, poiché la dichiarazione originale della donazione di Marsili all'osservatorio recita: "Tabulae XII. Chartacee ceruleo colore inductae, quibus caelestium corporum quoramdam Phases a Maria Clara Eimmart depictae sunt" (Dodici tavole. Fogli colorati di blu, che sono stati raffigurati da Maria Clara Eimmart con alcune fasi dei corpi celesti) testimoniando così la presenza di tutti i fogli in quel momento.

Ecco l'elenco completo di tali disegni come riportato dal sito dell'osservatorio (http://www.bo.astro.it/dip/Museum/english/car_67.html):

- diversi esempi dell'aspetto delle comete [Inv. MdS-124a];
- disegni di un paraselene e un parelione (aloni attorno alla Luna e al Sole causate da riflessioni e rifrazioni nell'atmosfera) [Inv. MdS-124b];
- luna piena [Inv. MdS-124c];
- fase lunare osservata il 23 aprile 1693 [Inv. MdS-124d];
- fase lunare osservata il 29 agosto 1697 [Inv. MdS-124e];
- fasi di Mercurio, secondo le osservazioni di Johannes Hevelius, del 1694, 1695 e 1696 [Inv. MdS-124f];
- fasi di Venere [Inv. MdS-124g];
- aspetto di Marte, secondo le osservazioni di vari astronomi [Inv. MdS-124h];
- aspetto di Giove, secondo le osservazioni di vari astronomi [Inv. MdS-124i];
- aspetto di Saturno, con vista degli anelli come apparivano nelle osservazioni del tempo [Inv. MdS-124l].

Altre tre tabelle si aggiungono a quelle sopra. Sono tre studi di fasi lunari su carta marrone, più piccoli dei precedenti, che illustrano:

- Luna crescente osservata a Norimberga l'11 aprile 1681 [Inv. MdS-83a];
- Luna calante, osservata a Norimberga il 18 settembre 1695 [Inv. MdS-83b];
- Luna crescente osservata a Norimberga il 9 luglio 1695 [Inv. MdS-83c].

Capitolo 16
Christine (1696–1782) e
Margaretha (1703–1744) Kirch

Le Kirchin

Christine e Margaretha sono due delle figlie degli astronomi tedeschi Gottfried Kirch e Maria Margarethe Winkelmann-Kirch. Christine è nata a Guben, in Germania, nel 1696. Era la maggiore delle sorelle e aveva un fratello maggiore di nome Christfried, nato il 24 dicembre 1694. Margaretha invece è nata nel 1703, e perse suo padre all'età di sette anni.

Tutti i figli e le figlie dei Kirch, dall'età di 10 anni, sono stati istruiti in quello che era il mestiere di famiglia: l'astronomia.

16.1 Curiosità

Christine, sin da giovanissima e per la maggior parte della sua vita, lavorò nell'ombra per il padre, la madre e poi per il fratello maggiore e altri assistenti. Si sa che fin da bambina aiutava la sua famiglia principalmente prendendo il tempo o gli intervalli di tempo con un pendolo, e in seguito venne introdotta nella realizzazione dei calendari.

In questo compito iniziò aiutando sua madre Maria Margarethe, e poi suo fratello maggiore Christfried. Quest'ultimo, a differenza dei suoi genitori e delle sue sorelle, ricevette un'educazione "istituzionale", in aggiunta a quella data all'interno della famiglia, infatti, fino al 1712 frequentò il prestigioso Joachimsthalsches Gymnasium di Berlino, proseguendo i suoi studi per 2 anni a Norimberga, poi a Lipsia e poi a Konigsberg.

Nel 1710, dopo la morte di Gottfried Kirch, la madre presentò senza successo alcune petizioni per essere ufficialmente riconosciuta come astronoma professionista dall'Accademia delle Scienze. Dopo queste vicissitudini Maria Margarethe Kirch e le figlie continuarono lo stesso lavoro come astronome in altri osservatori.

Nel 1715 Christfried si riuniva a sua madre nel suo trasferimento a Danzica e lavorò qui per 18 mesi presso il famoso Osservatorio del defunto Johannes Heve-

© The Author(s), under exclusive license to Springer Nature Switzerland AG 2025
G. Bernardi, *Le sorelle dimenticate*, https://doi.org/10.1007/978-3-031-98547-8_16

Figura 16.1 Carl Daniel Freydanck (1811–1887): "Il Nuovo Osservatorio di Berlino", olio, 1838

lius, ma poco prima, dall'età di 20 anni aveva già iniziato a pubblicare effemeridi planetarie annuali.

Maria Margarethe e suo figlio ricevettero un'offerta di lavoro dallo Zar Pietro il Grande dopo avergli mostrato macchie solari e altri fenomeni celesti dall'Osservatorio di Danzica, ma l'offerta venne rifiutata, poiché la carriera di Christfried a Berlino era imminente. Lì infatti era recentemente morto, nel 1716, l'astronomo Johann Heinrich Hoffmann, che aveva preso il posto di Gottfried Kirch nella direzione dell'Osservatorio di Berlino, dopo la sua morte, e l'Accademia delle Scienze di Berlino offrì a Christfried un posto fisso da astronomo, ammettendolo come membro dell'Accademia nell'ottobre dello stesso anno.

16.2 Opere

All'Osservatorio di Berlino la madre e le sorelle Christine e Margaretha lavorarono con lui come "assistenti". Né le sue sorelle né la loro madre ottennero un riconoscimento ufficiale per la loro professione, anche se Christine ricevette tale riconoscimento verso la fine della sua carriera.

All'Osservatorio le "Kirchin" continuarono a fare osservazioni astronomiche e calcoli per le effemeridi planetarie, e soprattutto per la compilazione di calendari annuali emessi dall'Accademia, che era l'attività principale richiesta dall'Accademia.

Qui Christfried visse con sua madre e le sue sorelle. Non si sposò mai, e in generale l'organizzazione del lavoro all'Osservatorio rimase sostanzialmente la stessa di quella di suo padre.

Più in particolare, sappiamo che, tra i fenomeni celesti notevoli, vennero fatte osservazioni del transito di Mercurio nel 1720, e dell'eclissi solare del 1733. Inoltre, seguendo una tecnica suggerita per la prima volta da Galileo un secolo prima, le differenze di longitudine tra Berlino, Parigi e San Pietroburgo vennero determinate utilizzando le eclissi dei satelliti di Giove.

Nel 1728 Christfried venne promosso dalla posizione di "osservatore" a quella di "astronomo" regolare, e nel 1723 venne ammesso come membro straniero all' Accademia delle Scienze francese e, dopo la sua morte, alla Royal Academy of Londra.

16.3   La prima astronoma pagata

Christine, tuttavia, non aveva uno stipendio regolare per il suo lavoro, e solo nel 1740 iniziò a ricevere occasionali e piccole donazioni dall'Accademia delle Scienze di Berlino. Questo perché, dopo la morte del fratello Christfried, a causa di un attacco di cuore avvenuto il 9 marzo 1740, l'Accademia delle Scienze e delle Lettere di Berlino-Brandeburgo dipendeva sempre più dall'aiuto professionale di Christine per la creazione di calendari. Inoltre, nello stesso periodo, tra il 1740 e il 1742, il Re di Prussia, Federico il Grande conquistò la nuova popolosa provincia di Slesia, una regione storica dell'Europa centrale che oggi appartiene quasi interamente alla Polonia.

Questo aumentò significativamente il reddito dell'Accademia di Berlino, che dipendeva infatti dal suo monopolio sui calendari in Prussia, e Christine divenne responsabile della preparazione del calendario di questa regione. Alla fine, nel 1776, ricevette uno stipendio di 400 talleri (la moneta d'argento tedesca) dall'Accademia e continuò il suo lavoro fino a tarda età, diventando così la prima astronoma femminile pagata per la sua attività professionale, un record che fino a poco tempo fa era attribuito a Caroline Herschel.

Quando l'astronoma tedesca raggiunse l'età di 77 anni l'Accademia le conferì l'onore di "Emeritus", e in una lettera indirizzata a lei l'Accademia espresse esplicitamente la sua gratitudine per il suo lavoro sui calendari.

Continuò poi a ricevere il suo stipendio, ma senza un obbligo lavorativo vincolante. Come ulteriore indiretto contributo, Christine istruì un nuovo astronomo di Berlino alla realizzazione dei calendari: il famoso Johann Bode. C'era un legame familiare tra i due, poiché Bode nel 1774 aveva sposato una pronipote di Christine, e dopo la morte della sua prima moglie nel 1782, sposò l'anno successivo un'altra pronipote di Christine, che era in realtà la sorella maggiore della sua prima moglie.

Figura 16.2 Mappa dell'Elettorato di Sassonia nel 1648

D'altra parte, si sa molto poco sulla vita e l'attività professionale all'Osservatorio di Berlino dell'altra sorella minore, Margaretha Kirch. Si sa che fece osservazioni cometarie, in particolare della cometa 1743 C1, scoperta il 10 febbraio 1743 anche a Berlino dall'astronomo Augustin Grischow. Morì a 41 anni, l'anno successivo, mentre Christine le sopravvisse per molti altri anni, morendo a Berlino il 6 maggio 1782.

Capitolo 17
Gabrielle Émilie Le Tonnelier de Breteuil, marchesa du Châtelet (1706–1749)

Giudicatemi per i miei meriti

"Mia figlia minore è una strana creatura destinata a diventare la più casalinga delle donne. Se non fosse per la bassa opinione che ho di molti vescovi la indirizzerei verso una vita religiosa e la lascerei nascosta in un convento. È alta il doppio di una ragazza della sua età, con una forza prodigiosa, come quella di un boscaiolo, ed è goffa oltre ogni immaginazione. I suoi piedi sono enormi, ma possono essere facilmente dimenticati non appena si notano le mani enormi."

Questo è ciò che Louis-Nicolas Le Tonnelier de Breteuil, Barone di Preuilly, e capo delle cerimonie alla corte francese scrisse sulla sua figlia Gabrielle Émilie. Sua madre, Gabrielle-Anne de Froulay, che apparteneva all'antica aristocrazia militare, la diede alla luce a Parigi il 17 dicembre 1706.

Gabrielle Émilie aveva sei fratelli e una sorellastra, Michelle, nata fuori dal matrimonio, la cui madre, Anne Bellinzani era una donna intelligente e che si interessò all'astronomia e sposò un importante ufficiale parigino. Suo padre, oltre alla posizione di spicco alla corte del re Luigi XIV, teneva un salone settimanale il giovedì, a cui erano invitati scrittori e scienziati di grande rispetto.

Data la descrizione fisica fatta dal padre, non è sorprendente che sua madre avrebbe preferito vedere sua figlia in un convento, come era consuetudine all'epoca, ma il padre riconobbe l'intelligenza di sua figlia e assunse tutori che la formarono in molte lingue come il latino, il greco, l'italiano, lo spagnolo, il tedesco e l'inglese così come in matematica, che divenne il suo principale interesse, anche se lei amava anche la danza, il canto lirico, la scherma e l'equitazione.

A differenza delle sue coetanee della stessa classe sociale che erano educate in conventi in attesa di un buon matrimonio, Gabrielle Émilie trascorse la sua infanzia e giovinezza nella casa familiare circondata da governanti, i migliori tutori, e ospiti. Uno di loro era il segretario dell'Accademia francese delle Scienze, Bernard de Fontenelle, con cui il padre di Gabrielle Émilie organizzò una visita e una conferenza sull'astronomia quando lei aveva ancora 10 anni.

Il 12 giugno 1725, all'età di 19 anni la giovane Gabrielle sposò Florent-Claude, Marchese du Châtelet e Conte di Lomont, che era 15 anni più vecchio di lei. Come molti all'epoca, fu un matrimonio organizzato, e come regalo di nozze suo mari-

G. Bernardi, *Le sorelle dimenticate*, https://doi.org/10.1007/978-3-031-98547-8_17

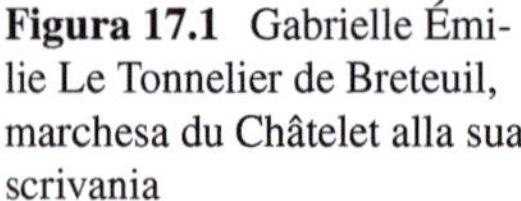

Figura 17.1 Gabrielle Émilie Le Tonnelier de Breteuil, marchesa du Châtelet alla sua scrivania

to fu nominato dal padre di Gabrielle Émilie Governatore di Semur-en-Auxoisin Burgundy, dove la coppia si trasferì.

Ebbero tre figli: Françoise Gabrielle Pauline, nata il 30 giugno 1726, Louis Marie Florent, nato il 20 novembre 1727, e Victor-Esprit nato l'11 aprile 1733 che morì nell'estate del 1734.

Il Marchese du Châtelet era spesso assente a causa dei suoi doveri militari, e dopo i tre figli, Gabrielle Émilie, tornò a Parigi, dedicandosi a una vita agiata e riprendendo i suoi studi matematici. Sull'algebra e il calcolo fu inizialmente assistita da Pierre-Louis Moreau de Maupertuis, membro dell'Accademia delle Scienze, che la portò alla conoscenza dell'opera di Newton, e poi da Alexis Claude Clairaut, che ottenne la sua notorietà per un'equazione e un teorema che portano il suo nome.

Come era consuetudine nell'alta società dell'epoca, durante questi anni si impegnò in relazioni extraconiugali con nobili o scienziati, sempre tollerate e mai nascoste, ma la più importante fu con il filosofo Voltaire.

La marchesa du Châtelet lo aveva incontrato anni prima, al salone dei suoi genitori. Ora lei aveva 27 anni e lui, 12 anni più vecchio, stava tornando come una personalità famosa dal suo esilio in Inghilterra, e dopo aver vagato in tutta Europa. Nel 1734 andarono a vivere nel Château de Cirey, in Champagne, di proprietà del Marchese.

Era una posizione perfetta a causa della sua vicinanza al confine con la Lorena che per il filosofo ribelle, spesso in pericolo di essere arrestato, era un asset strategico per una possibile fuga immediata. Si occupò del rinnovamento e della

Figura 17.2 Nel frontespizio dell'interpretazione di Voltaire dell'opera di Isaac Newton, "Elémens de la philosophie de Newton" (1738), il filosofo siede traducendo l'opera ispirata di Newton. Il manoscritto di Voltaire è illuminato da una luce apparentemente divina proveniente dallo stesso Newton, riflessa su Voltaire da una musa, rappresentante l'amante di Voltaire Émilie du Châtelet che in realtà ha tradotto Newton e ha collaborato con Voltaire per dare un senso al lavoro di Newton

modernizzazione del castello, e i due amanti rimasero qui per quasi un decennio per lavorare in tranquillità e ricevere l'alta società del tempo.

Il luogo divenne uno dei centri più brillanti della vita filosofica e letteraria francese del tempo. I diversi interessi della Marchesa, infatti, spaziavano dalla letteratura alla geometria, dalla fisica, alla matematica e astronomia, e con Voltaire approfondì vari argomenti, discutendo in inglese e producendo vari lavori.

La vita al castello seguiva regole precise e quasi monastiche: la mattina era dedicata allo studio, alle 11 era servito un pasto, seguito da una conversazione di mezz'ora, poi tutti si ritiravano e si riunivano di nuovo intorno alle 21 per cena.

Figura 17.3 Château de Cirey

17.1 Opere

Come intellettuale piuttosto che come scienziato, Voltarie implicitamente riconobbe i contributi della Marchesa nell'opera *Elementi della Filosofia di Newton*, del 1738, dove i capitoli sull'ottica mostrano forti somiglianze con l'*Essai sur l'optique* della Marchesa che, oltre a questo, contribuì ulteriormente alla campagna con recensioni elogiative nel *Journal des savants*.

A causa della loro comune passione per la scienza, allestirono un laboratorio che entrambi utilizzavano, impegnandosi in una collaborazione scientifica, che aveva anche un carattere distintivo e di sana competizione. La loro partecipazione indipendente al concorso per il premio dell'Accademia di Parigi del 1738 sulla natura del fuoco può essere vista in tale contesto. Gabrielle Émilie e Voltaire non erano d'accordo nei loro saggi, e sebbene nessuno dei due abbia vinto, entrambi ricevettero una menzione d'onore e furono pubblicati.

Così divenne la prima donna ad avere un articolo scientifico pubblicato da questa Accademia.

Tra i suoi lavori scientifici possiamo trovare l'*Institution de physique* (Lezioni di Fisica) un libro di fisica destinato a suo figlio, sulla teoria della Fisica di Leibniz pubblicata nel 1740. Questo deluse Voltaire e fu tra le cause della rottura del loro rapporto.

Nel 1745 Gabrielle Émilie iniziò quello che sarebbe diventato il più grande lavoro della sua vita, la traduzione e il commento del *Philosophiae naturalis principia Mathematics* che Newton pubblicò nel 1687, il libro dove sono esposte le sue leggi del moto e della gravità. Questo segnò l'inizio di un lungo, instancabile lavoro che non si fermò nemmeno quando, all'età di 42 anni, rimase incinta del suo ultimo amante. Aveva la sensazione di non essere in grado di completare il lavoro, e

Figura 17.4 Frontespizio della "Dissertation sur la nature et la propagation du feu" della marchesa Du Châtelet

quindi lavorò giorno e notte per finirlo prima della nascita. In realtà, morì di febbre puerperale 6 giorni dopo il parto, il 10 settembre 1749 a Lunéville. La figlia, Stanislas-Adélaïde, morì nel 1751, meno di 2 anni dopo.

L'edizione finale consisteva in due volumi, il primo e la prima metà del secondo è la traduzione dal latino al francese dei *Principia* Newton. La parte rimanente è una sorta di riassunto dell'opera, in circa un centinaio di pagine scritte interamente da Gabrielle-Émilie e intitolate "*Exposition abrégé du Système du monde et explication des principaux phénomènes astronomiques tirée des Principes de m. Newton.*" (Esposizione abbreviata del sistema del mondo e spiegazione dei principali fenomeni astronomici secondo i Principia di Newton.)

Dieci anni dopo la sua morte, Clairaut pubblicò il libro. Questo fu l'unica traduzione francese dell'epoca, e contribuì decisamente alla diffusione della filosofia newtoniana in Francia, dove l'influenza della teoria cartesiana era ancora significativa, e rimane ancora oggi un riferimento.

Il filosofo Voltaire la ricordò in questo modo: "Era un grande uomo il cui unico difetto era essere una donna. Una donna che ha tradotto e spiegato Newton [...] in una parola, un vero grande uomo."

Ecco l'elenco delle sue opere principali:

- *Dissertation sur la nature et la propagation du feu* (1ª edizione, 1739; 2ª edizione, 1744.)
- *Institutions de physique* (Parigi, 1ª edizione, 1740; 2ª edizione, 1742.)
- *Principes mathématiques de la philosophie naturelle par feue Madame la Marquise du Châtelet* (1ª edizione, 1756; 2ª edizione, 1759.)
- *Principes mathématiques de la philosophie naturelle par M. Newton* tradotto dal latino da Mme la marchesa du Châtelet, accompagnato da Commentari sul sistema del mondo di M. Newton (Parigi, Desaint et Saillant, 1756. Edizione finale 1759.)

E non scientifici:

- *Esame della Genesi*
- *Esame dei Libri del Nuovo Testamento*
- *Discorsi sulla felicità*

17.2   Cosa dissero di lei

L'ammirazione di Voltaire per Gabrielle Émilie era senza limiti e la dichiarazione già citata sulla sua grandezza (*"un grande uomo il cui unico difetto era essere una donna"*) è contenuta in una lettera al suo amico Re Federico II di Prussia.

Tra i suoi ammiratori possiamo contare il filosofo tedesco Immanuel Kant, che commentò che una donna *"che conduce controversie erudite su meccanica come la Marchesa du Châtelet potrebbe anche avere una barba."*

Per parte sua, Gabrielle Émilie esortò il mondo a *"giudicarmi per i miei meriti"*, e non per il suo sesso.

Capitolo 18
Maria Gaetana Agnesi (1718–1799)

La strega di Agnesi

Un volto regolare, un naso proporzionato e uno sguardo penetrante. Queste sono le cose più notevoli che si possono notare nel ritratto di Maria Gaetana Agnesi. Una giovane donna con orecchini di perle e abiti eleganti probabilmente fatti di seta, dato che suo padre era un mercante di seta.

Nacque in una famiglia benestante a Milano il 16 maggio 1718 ed è menzionata nel poema "Lettera di Caroline Herschel" di Siv Cedering come scienziata e astronoma. Era la più grande di 21 fratelli e il salone di famiglia era spesso affollato dagli intellettuali del tempo.

Divenne molto presto evidente che Maria era un prodigio, e suo padre incoraggiò efficacemente i suoi progressi, sostenendo i suoi studi con i migliori insegnanti del tempo. Studiò filosofia, matematica e astronomia, ma era anche così dotata per le lingue da essere soprannominata Oracolo delle Sette lingue. Infatti, parlava italiano, tedesco, francese, latino, greco, spagnolo ed ebraico, e in queste lingue lei intratteneva gli ospiti di suo padre. Maria iniziò giovanissima a partecipare agli incontri culturali organizzati nella casa della sua famiglia, impegnandosi con i loro ospiti in discussioni filosofiche e matematiche.

Nel 1738 fu pubblicata a Milano una raccolta di oltre cento saggi filosofici e scientifici con il titolo Propositiones philosophicae quas crebris disputationibus domi habitis coram clariss. viris explicabat extempore et ab obiectis vindicabat M. C. de A. mediolanensis. Quest'opera, scritta in latino, rivela l'ampia gamma di interessi scientifici di Maria, che qui tocca diversi argomenti, come logica, pneumatica, meccanica dei fluidi e celeste. Dai meteoriti ai fossili, dagli animali ai metalli, tutti i saggi erano esposti con un approccio enciclopedico.

Ancora prima della pubblicazione di questo libro, che fu ispirato dalle discussioni ascoltate durante gli incontri nel salone di suo padre, aveva mostrato un talento distintivo per la matematica, proseguendo lo studio del Traitè analitique des secrions coniques del Marchese de l'Hopital, e su cui scrisse un ampio commento, mai pubblicato ma raccolto in uno dei 25 volumi di opere inedite presso la Biblioteca Ambrosiana di Milano. In seguito continuò ad approfondire i suoi studi sull'analisi matematica, e quando sua madre morì ebbe la scusa per ritirarsi dalla vita pubblica prendendo in mano la gestione della sua grande famiglia.

© The Author(s), under exclusive license to Springer Nature Switzerland AG 2025

G. Bernardi, *Le sorelle dimenticate*, https://doi.org/10.1007/978-3-031-98547-8_18

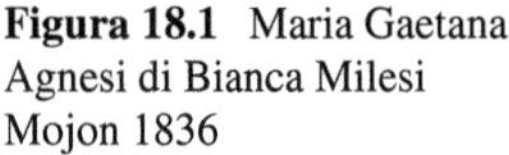

Figura 18.1 Maria Gaetana
Agnesi di Bianca Milesi
Mojon 1836

18.1　Opere

Quando aveva vent'anni Maria iniziò a comporre un'opera matematica molto importante sul calcolo differenziale e integrale, apparentemente con l'intento di insegnare questa materia ai suoi fratelli. Nel 1748 fu pubblicata in italiano con il titolo di Instituzioni analitiche ad uso della gioventù italiana e dedicata all'Imperatrice Maria Teresa d'Austria, poiché Milano in quel tempo faceva parte dell'Impero Austriaco, governato dalla dinastia degli Asburgo.

Come si può leggere nella prefazione, Maria scelse deliberatamente di usare la lingua italiana invece del latino, un'indicazione fin dall'inizio che evidenzia significativamente un atteggiamento dell'autrice aperto, per quei tempi, verso i problemi dell'educazione. Quest'opera ebbe un grande successo e fu uno dei primi e più completi lavori sul calcolo.

Rispetto ad altri trattati, infatti, in questo veniva considerato il lavoro di vari matematici in modo sistematico, che veniva esposto insieme alle interpretazioni dell'autrice. Fu organizzato in due volumi. Il primo conteneva solo una sezione (o "libro", nelle parole dell'autrice) che trattava l'analisi delle quantità finite. Include anche la trattazione di problemi elementari di massimi, minimi, tangenti e punti di flesso risolti con metodi algebrici.

Il secondo volume contiene tre sezioni/libri. Il primo tratta del calcolo differenziale, inteso come l'analisi delle quantità infinitamente piccole, e spiega i metodi per risolvere gli stessi problemi di massimi, minimi, tangenti e punti di flesso con questa tecnica più generale. La seconda sezione riguarda il calcolo integrale, e dà

Figura 18.2 Frontespizio delle "Instituzioni analitiche" di Maria Gaetana Agnesi

una completa esposizione delle sue ormai note applicazioni ai problemi di trovare la lunghezza delle curve, le aree delle superfici e i volumi racchiusi in figure solide.

L'ultima sezione tratta del cosiddetto metodo inverso delle tangenti, cioè della soluzione delle equazioni differenziali di primo e secondo ordine. Essendo un modello di chiarezza, fu tradotto in francese e inglese e ampiamente utilizzato come libro di testo. Grazie a questo lavoro fu eletta membro dell'Accademia delle Scienze di Bologna, che le offrì anche la cattedra di matematica all'Università di Bologna sotto il patrocinio di Papa Benedetto XIV, ma non prese mai l'incarico.

Era una donna molto religiosa, e dopo la morte di suo padre si dedicò interamente alle attività di carità, trasformando parte della sua casa in un ospedale. Utilizzò anche preziosi doni suoi per sostenere questo attività, come un anello di diamanti donato dall'Imperatrice Maria Teresa d'Austria come riconoscimento del suo lavoro che fu venduto per aprire un'altra sede per il suo ospizio.

Più tardi nella sua vita le fu conferito un incarico come direttrice del neofondato Pio Albergo Trivulzio a Milano, dove si prese cura anche dei malati poveri, e in particolare delle donne, dove morì senza un soldo il 9 gennaio 1799.

18.2 Fatti curiosi

A causa di un'erronea interpretazione, la funzione analitica chiamata versiera di Agnesi, è stata tradotta come Strega di Agnesi nella traduzione inglese delle Istituzioni Analitiche.

Possiamo vedere nella figura un grafico di questa curva tratto dal lavoro originale di Maria. Originariamente menzionato da Fermat quasi 80 anni prima, lo studio di questo oggetto geometrico era stato approfondito dal matematico italiano Guido Grandi all'inizio del XVIII secolo, che lo chiamò versiera.

Il nome derivava dalla procedura geometrica utilizzata in questi primi lavori per disegnare una curva. Questa procedura richiedeva di muovere un punto lungo il diametro di un cerchio, e questo punto identificava un seno verso in questo cerchio. Tutte queste parole derivano dal verbo latino vertere, che significa "girare", un concetto che nell'italiano di quei tempi è ben reso dal nome versiera. Tuttavia, questo termine era anche un'abbreviazione per avversiera, un'altra parola italiana che significa "l'avversario [di Dio]", cioè una "strega", (poiché avversiera è un nome femminile) spiegando così come potrebbe essere avvenuta una tale erronea interpretazione.

Un altro fatto curioso riguardo a questa curva riguarda la sua espressione matematica. Nelle Istituzioni Analitiche la sua equazione è $y = a\sqrt{ax - x^2}/x$; che è equivalente a $xy^2 = a^2(a - x)$, mentre l'espressione odierna recita $yx^2 = a^2(a - y)$, invertendo i ruoli di x e y. Questo può essere probabilmente attribuito a una sorta di "cambio culturale di abitudine" che è avvenuto in matematica dai tempi di Guido Grandi e Maria Agnesi. Come già accennato sopra, essi utilizzavano una procedura geometrica per costruire questa curva che rendeva più naturale per loro considerare l'asse x come l'asse verticale e l'asse y come quello orizzontale. Oggi, al contrario, siamo abituati al concetto di funzione che, in questo caso, richiede che utilizziamo la convenzione opposta, cioè x orizzontale e y verticale.

Ci sono parecchi dettagli che suggeriscono che il padre di Maria fosse l'ispirazione, o addirittura il principale motore del suo interesse per la matematica. Dopo il successo del suo libro, Maria fu fatta membro dell'Accademia delle Scienze di Bologna, e nel 1750 l'università le inviò un diploma, aggiungendo il suo nome alla facoltà e offrendole la cattedra di matematica. Nonostante questi riconoscimenti dal mondo accademico, sembra che abbia fatto pochi tentativi di perseguire una carriera in questo campo, o almeno di approfondire la sua attività in matematica.

In quegli anni aveva iniziato a dedicarsi all'opera di carità che in seguito diventerà il suo principale interesse, e sebbene l'incarico non fosse rifiutato, non prese mai la cattedra. Inoltre, quando suo padre morì nel 1752, Maria rinunciò a qualsiasi ulteriore lavoro in matematica e aumentò il suo lavoro di carità, e nel 1762, su richiesta dell'Università di Torino che chiedeva il suo parere sugli articoli recenti del

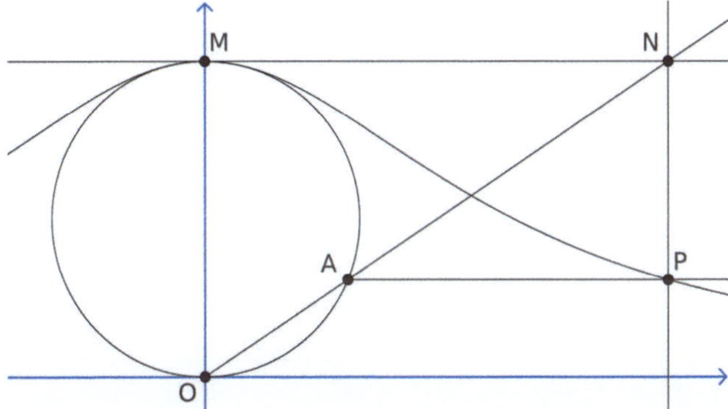

Figura 18.3 La curva matematica chiamata dopo Maria Gaetana Agnesi (la "Strega di Agnesi")

giovane Lagrange sul calcolo delle variazioni, rispose che non era più interessata a tali argomenti.

Infine, si può leggere nella prefazione delle Istituzioni Analitiche che non voleva prendersi l'onere di tradurre il suo lavoro in latino. Questa lingua era la lingua accademica ufficiale dell'epoca, e poiché Maria la parlava fluentemente, questa decisione non può essere attribuita alla difficoltà del compito, e potrebbe essere interpretata come un primo, precoce indicazione che la giovane donna considerava la matematica solo come un hobby temporaneo, piuttosto che un interesse professionale.

18.3 Cosa dissero di lei

Diversi testimoni si trovano tra i suoi contemporanei, segno che la sua reputazione era enorme. Nel 1739 fu citata dall'umanista Charles de Brosses come un fenomeno vivente, paragonandola (non senza un tocco di ironia) a Pico de la Mirandola per la sua straordinaria conoscenza delle lingue e la sua versatilità enciclopedica. Nelle sue Lettres sur l'Italie, descriveva Maria Gaetana come "una ragazza di circa 20 anni, né brutta né bella, con un modo molto semplice e dolce". Proseguì affermando che lei esprimeva un particolare interesse per il lavoro di Isaac Newton, ma che non le piaceva la discussione pubblica di questa natura, "dove per ogni uno che si divertiva, 20 si annoiavano a morte".

Carlo Goldoni ricevette da Maria Gaetana una copia delle Istituzioni e in cambio il famoso drammaturgo inserì una scena nel secondo atto della sua commedia "Il medico olandese" messa in scena per la prima volta a Milano nel 1756, dove sottolineava la fortuna di questo lavoro matematico nei Paesi Bassi, dove era letto e apprezzato.

Secondo Dirk Jan Struik, Maria Gaetana Agnesi è "la prima importante matematica donna dopo Ipazia".

C'è un cratere su Venere e un asteroide 16765 Agnesi (1996).

Capitolo 19
Nicole-Reine Étable de la Brière Lepaute (1723–1788)

La savante calculatrice

Nicole-Reine Étable de la Brière nacque il 5 gennaio 1723 nel Palazzo del Lussemburgo, allora residenza del reggente del regno di Francia Philippe d'Orléans, membro della famiglia reale francese e nipote di Luigi XIV. I suoi genitori vivevano lì perché suo padre aveva lavorato per questa famiglia da molto tempo, prima come valletto della famosa duchessa de Berry, e poi per sua sorella Louise Élisabeth d'Orléans. Già da bambina Nicole mostrava la sua vivace intelligenza e un infaticabile zelo per lo studio, passando le sue notti a leggere libri che letteralmente "divorava". Il 27 agosto 1748 sposò Jean André Lepaute, l'orologiaio reale.

La giovane coppia viveva nel Palazzo del Lussemburgo, e il marito di Nicole diventò famoso in tutta Europa per i notevoli progressi tecnici nel suo campo. Ad esempio, gli viene attribuita la realizzazione del primo orologio orizzontale mai realizzato, e di un orologio con una sola ruota. Nicole iniziò presto a collaborare con suo marito, le sue prime ricerche riguardavano l'oscillazione dei pendoli di diverse lunghezze, ma questa attività alla fine la portò ad approfondire il suo interesse per l'Astronomia.

L'origine di questo interesse probabilmente deve essere ricondotta all'influenza di un giovanissimo Joseph Lalande, all'epoca allievo dell'astronomo Joseph-Nicolas Delisle, che alcune fonti indicano come responsabile dell'osservatorio astronomico locale presso il palazzo.

Sarebbe stato del tutto naturale per un giovane astronomo approfittare di un abile artigiano che poteva fornire gli orologi accurati necessari per le sue osservazioni, e alla fine molti osservatori astronomici in Europa furono dotati di orologi a pendolo di Lepaute. A ulteriore sostegno, è attestato che nel 1753 Lalande, allora nuovo membro dell'Accademia delle Scienze di Parigi, esaminò e approvò un innovativo orologio inviato a questa istituzione dal marito di Nicole per la valutazione.

Il lavoro in questo campo portò a un libro intitolato Traité d'horlogerie scritto da Jean André Lepaute nel 1755 e a cui, come riportato da Lalande, Nicole collaborò attivamente. Il suo primo importante lavoro in Astronomia può essere datato al 1757, quando iniziò a collaborare con Lalande e Alexis Clairaut, che già conosciamo per la sua collaborazione con la Marchesa du Châtelet. Si impegnò sempre di più in Astronomia, anche come autrice di numerosi e apprezzati lavori personali.

© The Author(s), under exclusive license to Springer Nature Switzerland AG 2025
G. Bernardi, *Le sorelle dimenticate*, https://doi.org/10.1007/978-3-031-98547-8_19

Figura 19.1 Ritratto di
Nicole-Reine Lepaute

Più tardi nella sua vita, nel 1768, un nipote di suo marito chiamato Lepaute d'A-
gelet arrivò da Montmédy per diventare un astronomo. Aveva quindici anni allora e
5 anni dopo, nel 1773, partecipò al viaggio dell'esploratore Yves de Kerguelen nel-
l'emisfero meridionale, che gli valse una cattedra di matematica alla École Militaire
di Parigi, e in seguito l'accesso all'Accademia delle Scienze nel 1785. Nicole invece fallì nel suo intento di attirare un altro nipote verso l'astronomia poiché, sebbene
fosse dotato in matematica, i suoi genitori preferirono orientarlo verso una carriera
da notaio.

Generosa e disinteressata, passò gli ultimi anni della sua vita a prendersi cura del
marito malato, e morì pochi mesi prima di lui, il 6 dicembre 1788. Nello stesso anno,
prima della sua morte, era stata ammessa all'Académie des Sciences di Beziers.

19.1 Opere

Come riportato nel seguente elenco delle sue opere principali, l'attività principale
di M.me Lepaute era quella di calcolatrice astronomica:

- Tavola delle lunghezze dei pendoli, in Traité d'horlogerie, 1755
- Osservazioni, in Connaissance des temps, 1759–1777

- Carte du passage de l'ombre de la Lune au travers de l'Europe dans l'éclipse annulaire du Soleil qui doit arriver le 1er avril 1764, Paris, 1762
- Tavola degli angoli parallattici, in Connaissance des temps, Paris, 1763
- Tavola del Sole, della Luna e degli altri pianeti, in Ephémérides du movement celeste, de Lalande, 1774
- Mémoires d'astronomie, in Mercure.

Nonostante al giono d'oggi questo termine possa apparire diminutivo, dobbiamo ricordare che in quell'epoca i computer non esistevano e i loro antenati meccanici erano rari e di uso piuttosto limitato. Per questo motivo i calcoli astronomici erano un'attività comune ed essenziale di tutti gli scienziati del tempo, come vedremo a breve dal rapporto di Lalande sulla loro collaborazione. In realtà, il lavoro di Nicole come calcolatrice deve quindi essere considerato allo stesso livello di quello dei suoi colleghi scienziati, che richiedeva conoscenze fisiche e matematiche non banali, piuttosto che una semplice applicazione "meccanica" di alcuni algoritmi.

Possiamo partire dal primo lavoro sul Traité d'horlogerie di suo marito, su cui Lalande, nella sua "Bibliographie astronomique" ha riportato che "Madame Lepaute è entrata immediatamente in questo gruppo di lavoro, era troppo intelligente per non avere la curiosità; ha preso nota, ha calcolato, ha descritto il lavoro di suo marito. Abbiamo intrapreso un nuovo Traité d'horlogerie comune che è apparso nel 1755, stampato in 4°". Possiamo quindi iniziare a capire cosa si intendeva nella nostra precedente affermazione sull'attività di un calcolatore.

Questo notevole lavoro include una descrizione delle equazioni del pendolo. Il calcolo delle tabelle fatto dalla moglie di Lepaute richiedeva la comprensione di queste equazioni e delle idee adottate per descrivere e calcolare le differenze riportate tra il tempo vero e il tempo medio. Nello stesso libro Lalande aggiunge anche che "Madame Lepaute ha calcolato per questo libro una tavola di numeri di oscillazioni per pendoli di diverse lunghezze, o le lunghezze per ogni dato numero di vibrazioni, da quello di 18 lignes, che fa 18.000 vibrazioni all'ora, fino a quello di 3000 leghe." Questa frase piuttosto oscura si riferisce alla Tavola VI del Traité, che riporta la lunghezza di un pendolo (in piedi, pollici, "lignes" e centesimi di lignes) corrispondente a un specifico numero di oscillazioni all'ora. Il primo è quello richiesto per avere 18.000 oscillazioni all'ora, poi va a intervalli di 100 fino a 1 oscillazione all'ora, che richiederebbe una lunghezza di circa 3000 leghe, o 12.000 km.

La passione di Madame Lepaute per la matematica e l'astronomia la portò a partecipare a un'avventura scientifica ancora più ambiziosa. Nel giugno 1757 l'astronomo Lalande decise di determinare con precisione la data del ritorno della cometa di Halley, prevista per l'anno successivo, o una conferma accurata delle previsioni di Edmond Halley fatte all'inizio del secolo.

A questo scopo era necessario calcolare gli effetti dell'attrazione gravitazionale di Giove e di Saturno sul percorso della cometa. L'astronomo francese coinvolse in questo compito anche il sopra menzionato matematico Alexis Claude Clairaut, che aveva trovato una soluzione per il calcolo del problema dei tre corpi.

Figura 19.2 Tavola del pendolo dal Traité d'horlogerie (1767) di Jean-André Lepaute calcolata da sua moglie Nicole-Reine

TABLE VI.

De la longueur que doit avoir un Pendule simple pour faire en une heure un nombre de vibrations quelconque, depuis 1 jusqu'à 18000.

Calculée par Madame LEPAUTE.

Nombres de vibrations par heure.	pieds.	pouces.	lignes.	Décimes, ou centièmes de lignes.	Nombres de vibrations par heure.	pieds.	pouces.	lignes.	Décimes, ou centièmes de lignes.
18000	0	1	5	62	15100	0	2	1	04
17900	0	1	5	82	15000	0	2	1	38
17800	0	1	6	02	14900	0	2	1	72
17700	0	1	6	22	14800	0	2	2	07
17600	0	1	6	43	14700	0	2	2	42
17500	0	1	6	64	14600	0	2	2	78
17400	0	1	6	80	14500	0	2	3	16
17300	0	1	7	08	14400	0	2	3	53
17200	0	1	7	30	14300	0	2	3	92
17100	0	1	7	52	14200	0	2	4	32
17000	0	1	7	70	14100	0	2	4	72
16900	0	1	7	99	14000	0	2	5	13
16800	0	1	8	24	13900	0	2	5	55
16700	0	1	8	47	13800	0	2	5	98
16600	0	1	8	72	13700	0	2	6	42
16500	0	1	8	97	13600	0	2	6	87
16400	0	1	9	23	13500	0	2	7	33
16300	0	1	9	49	13400	0	2	7	80
16200	0	1	9	75	13300	0	2	8	28
16100	0	1	10	02	13200	0	2	8	77
16000	0	1	10	30	13100	0	2	9	27
15900	0	1	10	59	13000	0	2	9	79
15800	0	1	10	87	12900	0	2	10	31
15700	0	1	11	16	12800	0	2	10	85
15600	0	1	11	46	12700	0	2	11	40
15500	0	1	11	76	12600	0	2	11	96
15400	0	2	0	07	12500	0	3	0	54
15300	0	2	0	39	12400	0	3	1	13
15200	0	2	0	71	12300	0	3	1	74

TABLE VI.

Era un lavoro enorme che richiedeva il calcolo delle distanze e delle forze di attrazione esercitate sulla cometa da ogni pianeta utilizzando le leggi di Newton, e ad intervalli di un grado, e per un periodo di tempo di 150 anni. Inoltre, ovviamente avevano bisogno di completare questo lavoro prima del ritorno della cometa. Così, per più di 6 mesi i tre scienziati calcolarono incessantemente, fino al punto di ammalarsi. Così colossale era la quantità di lavoro necessario che ancora oggi, con i computer a nostra disposizione, sembra incredibile che questo progetto potesse essere stato realizzato a mano.

Come riportato ancora una volta da Lalande: "Per sei mesi abbiamo fatto calcoli dall'alba al tramonto, a volte anche durante i pasti [...] L'aiuto dato da M.me Lepaute era tale che senza di lei non avrei potuto completare un'impresa così colossale, [...]" Questo estratto mostra ancora meglio di prima come i calcoli venivano eseguiti da tutti gli scienziati che non li consideravano un semplice lavoro meccanico e, al contrario, li utilizzavano per raccogliere elogi tra i loro pari. Si può quindi notare che Nicole si sia guadagnata in questo modo la reputazione di essere una delle migliori calcolatrici astronomiche.

Il 14 novembre 1758, insieme ad altri astronomi, riferirono all'Accademia delle Scienze le date del passaggio della cometa, prevedendo una periodicità di circa 75 anni. I tre astronomi annunciarono che la cometa avrebbe raggiunto il perielio, cioè il punto dell'orbita della cometa più vicino al Sole, non nel 1758 come previsto da Halley, ma a metà aprile 1759, con un margine di errore di un mese. In realtà, la cometa attraversò il perielio il 12 marzo, 1759. Questo fu una svolta perché fu la prima volta che gli scienziati riuscirono a prevedere il passaggio al perielio di una cometa perturbata: proprio in tempo per essere avvistata come fu osservato il 25 dicembre.

Lalande renderà omaggio a Madame Lepaute per il suo importante contributo nel suo libro Théorie des comètes, mentre Clairaut, che era consapevole dei suoi meriti, la chiamò la "savante calculatrice," la calcolatrice erudita. Tuttavia, non fu esplicito nei suoi elogi, un fatto che Lalande attribuisce alla "[. . .] cedevolezza verso una donna gelosa del merito di M.me Lepaute. E che aveva pretese senza alcun tipo di conoscenza. Lei spinse a commettere un'ingiustizia un saggio ma debole studioso, che aveva sottomesso." Così nella sua Théorie du mouvement des comètes Clairaut riconobbe prima il lavoro della sua collega femminile, ma poi lo escluse dalla versione stampata e in seguito negò il suo contributo, rivendicando per sé il merito esclusivo dei calcoli.

Tuttavia, Madame Lepaute continuò la sua attività matematica e astronomica. Nel 1761, pubblicò i calcoli di tutte le osservazioni fatte durante il transito di Venere sul Sole. Nel 1762 calcolò i dati rilevanti di una nuova cometa e calcolò in anticipo la durata e la dimensione di un'eclissi solare anulare che avrebbe avuto luogo nel 1764 in Europa. Questo lavoro fu pubblicato in un libro intitolato Explication de la carte qui représente le passage de l'ombre de la lune au travers de l'Europe dans l'eclipse du soleil centrale et annulaire di 1 Avril 1764 presenté au Roi, le 12 août 1762, par M.me Lepaute. (Spiegazione della mappa che rappresenta il passaggio dell'ombra della Luna attraverso l'Europa durante l'eclissi solare centrale e anulare del 1 aprile 1764 presentata al Re il 12 agosto 1762, da M.me Lepaute.) Qui aveva determinato la durata e la percentuale dell'eclissi visibile in diversi paesi europei e mostrato in due mappe, una per tutta l'Europa e l'altra per Parigi, l'andamento dell'eclissi a intervalli di 15 minuti e le sue diverse fasi.

Nel Journal des savans di aprile 1769 Lalande scrisse: "Si può vedere sulla mappa di Madame Lepaute la traccia dell'ombra che formava sulla Terra una piccola ellisse che percorreva uno spazio di dodici leghe al minuto; questa velocità è il doppio di quella di una palla di cannone, che è di circa duecento braccia al secondo, o cinque leghe al minuto." Inoltre, grazie ai dati raccolti da diverse eclissi, Madame Lepaute preparò una tabella di angoli di parallasse che apparve nella Connaissance des temps del 1763 e in un'opera intitolata Exposition du calcul astronomique.

La Connaissance des temps era una pubblicazione annuale dell'Accademia delle Scienze per astronomi e navigatori che emetteva le posizioni dei diversi corpi celesti per ogni giorno dell'anno. Quando Lalande divenne responsabile di questa pubblicazione, fu ancora Madame Lepaute a occuparsi di questo enorme lavoro di calcolo. Questo continuò fino al 1774, quando lei assunse la responsabilità delle Ephémérides dell'Accademia, per cui doveva calcolare le posizioni dei pianeti, del Sole e della Luna. Continuò per 10 anni, e l'ottavo volume, pubblicato nel 1783, conteneva i dati fino al 1792.

19.2 Fatti curiosi

Quando era bambina una delle sue sorelle le disse "Io sono la più bianca" e Nicole rispose: "E io, la più brillante!"

L'astronomo Lalande, grato per tanto lavoro e forse anche suscettibile al fascino di Madame Lepaute, le dedicò alcuni versi dove viene chiamata Sinus des Graces, che in francese può essere interpretato come "Seno delle grazie" (in senso matematico) ma anche "Cuore delle grazie", e Tangent de nos coeurs, anche un gioco di parole tra una "tangente" matematica e un "toccare" dei "cuori". Lei stessa non era certamente indifferente ad essi.

Lalande aveva un'abitudine particolare: mangiava deliziosi ragni e bruchi e se ne vantava. Nicole invece aveva paura di questi insetti, ma per lui si abituò a vederli, toccarli e, infine, a ingoiarli.

Purtroppo, gli anni di ardui calcoli astronomici la resero quasi cieca.

Gli astronomi moderni hanno reso omaggio ai talenti di Madame Lepaute nominando un cratere della Luna in suo onore.

Il Palazzo del Lussemburgo, luogo di nascita di Nicole Lepaute fu costruito da Maria dé Medici e utilizzato come antica sede dei re di Francia. Dal 1958 è sede del Senato francese. I grandi giardini furono aperti al pubblico nel 1778.

19.3 Cosa dissero di lei

Joseph-Jérôme Lalande, dopo la sua morte, scrisse su Madame Lepaute nel suo lavoro Histoire de l'astronomie abrégée: "Questa donna interessante è spesso nei miei pensieri, sempre cara al mio cuore; i momenti che ho trascorso vicino a lei e alla sua famiglia sono quelli che amo di più ricordare, e il cui ricordo, mescolato con amarezza e dolore, diffonde un po' di dolcezza sugli ultimi anni della mia vita, poiché la sua amicizia era il fascino della mia gioventù. Il suo ritratto che ho sempre sotto i miei occhi, è il mio conforto, quando penso che un filosofo non dovrebbe lamentarsi delle leggi della necessità imperiosa, e delle perdite che sono una conseguenza necessaria dell'ordine della natura."

Parte IV
Linea temporale da Louise Elisabeth Félicité Pourra de la Madeleine Du Piérry a Mary Fairfax-Somerville

1800 Alessandro Volta inventa la batteria

1801 Giuseppe Piazzi scopre il primo asteroide

1814 Fraunhofer osserva lo spettro solare

1815 battaglia di Waterloo

1825 Laplace pubblica *Meccanica Celeste*

1823 Babbage costruisce la macchina analitica, precursore dei computer

1838 Bessel misura la prima parallasse

1844 Bessel annuncia che Sirio fa parte di un sistema stellare doppio

1846 Le Verrier scopre Nettuno

1850 prima fotografia di una stella

1859 Darwin pubblica il libro che enuncia la teoria dell'evoluzione delle specie per selezione naturale

1861 la Guerra Civile Americana

1869 il chimico Mendeleev presenta la prima versione della tavola periodica

1874 Heinrich Schliemann annuncia la scoperta della città di Troia

1900 con la sua spiegazione della legge del corpo nero il fisico Planck dà il via alla Meccanica Quantistica

Capitolo 20
Louise Elisabeth Félicité Pourra de la Madeleine Du Piérry (1746–?)

> *[…] elle représente un modèle pour toutes les femmes a cause de ses hautes qualités intellectuelles. [rappresenta un modello per tutte le donne a causa delle sue alte qualità intellettuali.]*
>
> *(Joseph-Jérôme Lalande, Astronomie des dames)*

Louise Elisabeth Félicité Pourra de la Madeleine è nata il 1 agosto 1746 a La Ferte-Bernard, una piccola città dell'antica provincia francese del Maine. Si interessò alla scienza in giovane età. Quando sposò Monsieur Du Pierry a 20 anni, decise di continuare a perseguire una carriera scientifica.

Joseph-Jérôme Lalande, direttore dell'Osservatorio di Parigi, introdusse la giovane signora all'astronomia e le chiese di raccogliere dati storici sui movimenti della luna e delle eclissi che si erano verificate nel secolo precedente. Iniziò in questo modo una solida collaborazione che la portò a produrre un certo numero di importanti opere, principalmente dedicate alla produzione di tavole astronomiche.

20.1 Opere

Louise Elisabeth ebbe un'attività scientifica piuttosto dinamica, in considerazione delle difficoltà causate dal suo sesso e dal periodo storico. Un elenco delle sue opere include:

- Tables de l'effet des réfractions, en ascension droite et en déclinaison, pour la latitude de Paris, Paris, 1791.
- Tables de la durée du jour et de la nuit, Paris, 1792.
- Calculs d'éclipses pour mieux trouver le movement de la Lune.
- Table alphabétique et analytique des matières continues dans le cinq tomes du Système des connaissances chimiques de Fourcroy, Paris, Beaudouin, an X.

La prima riguarda la rifrazione della luce causata dall'atmosfera. Quando la luce passa da un mezzo all'altro devia dalla sua direzione originale di propagazione. In astronomia, e in particolare in astronomia di posizione, questo effetto deve essere preso in considerazione perché causa uno spostamento degli oggetti osservati che

© The Author(s), under exclusive license to Springer Nature Switzerland AG 2025
G. Bernardi, *Le sorelle dimenticate*, https://doi.org/10.1007/978-3-031-98547-8_20

Figura 20.1 L'Osservatorio di Parigi all'inizio del diciottesimo secolo. È interessante notare l'uso di telescopi a tubo lungo e di telescopi aerei senza tubo ancora più lunghi che erano strumenti comuni all'epoca

dipende dallo spessore e dalle caratteristiche dell'aria attraversata dalla sua luce. In altre parole, l'effetto è specifico del luogo di osservazione e della direzione di osservazione.

Il lavoro di M.me Du Piérry quindi consisteva nella stima dell'effetto di rifrazione, che doveva essere incluso nei calcoli degli astronomi, ed è stato pubblicato in una serie di tabelle che forniscono il suo importo in funzione dell'ascensione retta e della declinazione alla latitudine di Parigi.

Il secondo libro era un altro risultato della sua lunga collaborazione con Lalande, dove sono riportate la durata dei giorni e delle notti da utilizzare per scopi astronomici e civili.

Il calcolo dell'orbita della Luna era un importante problema scientifico di quel tempo, poiché veniva utilizzato per indagare diversi fenomeni correlati. Ad esempio, era necessario avere modelli precisi delle maree e per la previsione delle eclissi. I dati storici delle eclissi passate, e la loro previsione e successiva osservazione, che era l'oggetto del terzo lavoro di Louise, servirono quindi a migliorare la conoscenza dell'orbita lunare.

Il suo lavoro non si limitava a un'attività di ricerca. Infatti Louise era stata nominata Professore all'Università della Sorbona, tenendo nel 1789 un corso di astronomia per donne che aveva avuto un grande successo. Recenti ricerche di Lémonon Waxin, invece, sostengono che la sua attività didattica era gestita privatamente a casa, piuttosto che in luoghi pubblici, ma in ogni caso la Rivoluzione francese fermò quell'impresa e Madame Du Pierry dovette tornare ad attività più discrete.

20.2 Fatti curiosi

Louise Elisabeth realizzò nel 1799 (anno X della rivoluzione francese, come riportato nella bibliografia sopra) la Table alphabétique et analytique des matières contenues dans les 10 tomes du système des connaissances chimiques (Tavole alfabetiche e analitiche dei materiali contenuti nei 10 volumi del Sistema delle conoscenze chimiche) per il chimico Antoine Fourcroy, allievo del famoso Antoine-Laurent de Lavoisier, e Cancelliere di Stato incaricato dell'istruzione pubblica. È considerata un'opera notevole sia in termini di importanza, consiste in 170 pagine stampate in quarto e con piccoli caratteri, così come un capolavoro di precisione e chiarezza.

Lalande collaborò con diverse donne per il suo lavoro come astronomo, ma M.me du Pierry ha calcolato la maggior parte delle eclissi utilizzate da Lalande per lo studio del movimento della Luna. La sua considerazione per Louise era così alta che le dedicò il suo libro Astronomie des dames.

Madame Du Pierry terminò la sua vita dimenticata all'inizio del diciannovesimo secolo, ma l'anno preciso della sua morte non è noto, anche se sembra accertato che fu dopo la morte di Lalande, nel 1807.

Era membro dell'Académie des Sciences de Béziers, per la cui latitudine aveva calcolato la durata del giorno e della notte.

20.3 Cosa dissero di lei

Nel 1790, nel suo libro Astronomie des dames, Lalande esprime pubblicamente la sua lode per la sua collaboratrice femminile, sottolineando in particolare il suo talento, il suo buon gusto e il suo coraggio: "[...] elle représente un modèle pour toutes les femmes à cause de ses hautes qualités intellectuelles." ([...] rappresenta un modello per tutte le donne per le sue alte qualità intellettuali.)

Nello stesso libro riporta anche che "ha fatto diversi calcoli sulle eclissi per trovare il miglior moto lunare; è stata la prima donna che ha insegnato astronomia a Parigi" che purtroppo non è sufficiente per chiarire le affermazioni sulla sua cattedra.

Capitolo 21
Caroline Lucretia Herschel (1750–1848)

Otto comete per sé

Caroline Herschel potrebbe veramente essere considerata una Cenerentola nella vita reale, infatti il suo destino era stato stabilito contro la sua volontà. Non le restava altro che fare la sguattera al servizio della sua famiglia, ma non per volere della matrigna come nella favola, bensì della madre stessa, che riteneva inutile che fosse educata, come invece il padre desiderava. Carolina non era stata favorita dalla natura dal punto di vista estetico.

Non era bella, e soffriva di una malattia che ritardava lo sviluppo e la crescita del suo corpo, tanto che per il resto della sua vita rimase di bassa statura. Questo, aggiungendo il fatto che non aveva dote da offrire, implicava un inevitabile futuro come cameriera. Fortunatamente, un principe azzurro virtuale le si presentò quando si trasferì per stare con suo fratello William, che era in Inghilterra per perseguire la sua carriera musicale.

Questo liberò la giovane Caroline da una vita di soli doveri domestici e le permise di intraprendere anche una carriera nella musica, in cui divenne una promettente soprano. In seguito, la passione di William per l'astronomia prese il sopravvento sui suoi interessi musicali e, grazie allo stipendio concesso dal re a sostegno della sua ricerca, fu in grado di dedicarsi totalmente alla scienza.

Sua sorella fu trascinata nella sua nuova avventura e, eclettica come era, non solo si adattò ad essa, ma si impegnò anche con passione e impegno fino alla fine della sua vita.

21.1 Da Cenerentola a soprano

Caroline nacque il 16 marzo 1750 ad Hannover, allora uno degli stati tedeschi del Sacro Romano Impero, oggi in Germania. Ottava figlia su dieci di Isaac Herschel e Anna Ilse Moritzen, le fu dato il secondo nome di Lucrezia, mentre all'interno della sua famiglia era chiamata Lina. In realtà Carolina aveva solo quattro fratelli e una sorella, perché quattro morirono giovani; quelli che sopravvissero furono Sophia

© The Author(s), under exclusive license to Springer Nature Switzerland AG 2025
G. Bernardi, *Le sorelle dimenticate*, https://doi.org/10.1007/978-3-031-98547-8_21

Figura 21.1 Sir William Herschel e Caroline Herschel. Litografia a colori di A. Diethe, ca. 1896. Creative Commons Attribution 2.0 Generic

Elisabeth, nata il 12 aprile, 1733, Heinrich Anton Jakob, nato il 20 novembre, 1734, Friedrich Wilhelm meglio conosciuto come William, nato il 15 novembre, 1738, Johann Alexander, nato il 13 novembre, 1745 e Johann Dietrich, nato il 13 settembre, 1755.

Il padre di Carolina era un giardiniere che divenne un musicista militare, ovvero un oboista nella banda militare di Hannover. Nonostante la sua scarsa istruzione, fece del suo meglio per educare i suoi quattro figli e due figlie, avvicinandoli anche ai suoi interessi come la musica, la filosofia e l'astronomia. La madre non sostenne i tentativi del marito e, sebbene accettasse a malincuore che i suoi quattro figli avessero tutti un'istruzione sommaria, si oppose fortemente a quella per le figlie, che, disse, avrebbero dovuto occuparsi solo di lavori domestici.

Come la stessa Caroline scrisse nelle sue memorie:

"Mio padre desiderava darmi un'educazione un po' raffinata, ma mia madre era particolarmente determinata che fosse approssimativa, ma allo stesso tempo utile; e non pensava fosse necessario altro che mandarmi due o tre mesi da una sarta per imparare a fare biancheria per la casa. Avendo raggiunto questo risultato alle mie precedenti abilità, da allora in poi non trovai più tempo per pensare ad altro che a contribuire alle necessità della famiglia, in tutte le forme immaginabili, per tutto ciò che era necessario, e così imparai a fare borse e nodi di spada molto prima di saper fare berretti e pellicce ... Mia madre non acconsentì che mi fosse insegnato il francese, e a mio fratello Dietrich fu addirittura negato un maestro di danza, perché non permetteva che io imparassi insieme a lui, anche se l'ingresso era stato pagato per entrambi; quindi tutto quello che mio padre poteva fare per me era concedermi (e farsi piacere) a volte una breve lezione di violino, quando mia madre era di buon umore o non era in giro. Anche se mi sono spesso sentita molto a disagio per la mancanza di quei pochi talenti di cui ero stata privata da un'opinione errata anche se ben intenzionata di mia madre, non potevo fare a meno di pensare che avesse ragione nel desiderare che io non sapessi più di quanto fosse necessario per essere utile in famiglia; perché era sua ferma convinzione che mio fratello William sarebbe tornato nel suo paese, e mio fratello maggiore non avrebbe guardato così in alto, se avessero avuto un po' meno di istruzione".

Oltre a queste prospettive, bisogna ricordare che la piccola Carolina era certamente sfavorita dagli eventi: all'età di 3 anni contrasse il vaiolo che le lasciò l'occhio sinistro leggermente sfigurato, e a dieci anni soffrì di tifo, rimanendo di bassa statura per tutta la vita a causa delle sue conseguenze.

Infatti, lei era alta all'incirca un metro e quaranta centimetri, e dato che non era né bella né ricca, certamente non poteva essere considerata come una futura sposa. Il padre non le nascose mai questi fatti, e la madre stava progettando di usarla come una cameriera per la loro grande famiglia. Il dolore interiore che un'adolescente doveva sentire riguardo a quello che il futuro le riservava può solo essere immaginato.

I quattro fratelli di Carolina intrapresero la carriera di musicisti, mentre lei mostrò un entusiasmo per la scienza che suo padre cercò di soddisfare, nonostante gli sforzi di sua madre per garantirle un futuro come governante. Nei suoi ricordi giovanili la futura astronoma ne riporta uno relativo al padre che una sera la portò con sé: "[...] in una notte limpida e gelida per strada, per farmi conoscere alcune delle più belle costellazioni, dopo che avevamo osservato una cometa che era allora visibile."

Nonostante lo stupore che Carolina provò quella sera, lei certamente non poteva immaginare che un giorno si sarebbe dedicata a questo come lavoro, e ancora meno alle sue future scoperte. Nel 1756 scoppiò la Guerra dei Sette Anni e un anno dopo, quando Carolina aveva 7 anni, lo stato di Hannover cadde sotto l'occupazione francese.

Isaac Herschel era impegnato in guerra, e suo figlio William, a 19 anni, fuggì in Inghilterra come musicista, diventando nel 1766 un organista e maestro del coro della Octagon Chapel, a Bath, che nel diciottesimo secolo era una località alla moda per i ricchi. Questa era una città con molte opportunità per un musicista, che poteva essere spesso assunto per dare recital privati e lezioni di musica.

Sette anni dopo il suo ritorno, nel 1767, il padre morì, e il fratello maggiore Jacob divenne il capo della famiglia. Era un brillante musicista, ma anche antipatico, esigente e propenso a frustarla se Carolina non serviva a tavola a suo piacimento. La giovane ragazza allora capì che doveva prendere il controllo della sua vita per sperare in un futuro decente, così iniziò a prendere lezioni di sartoria e studiò per qualificarsi come governante.

La svolta arrivò nel 1772, quando William, chiamato Fritz, sentendo simpatia per Carolina e avendo bisogno di una governante, le offrì un posto nella sua casa in Inghilterra, nonostante le proteste di sua madre. A 22 anni, si unì a suo fratello che iniziò a darle lezioni di canto. Lei alla fine ottenne un discreto successo nelle sue rappresentazioni come primo soprano nel Messia, nel Giuda Maccabeo, e in altre parti.

Cantò a Bath e Bristol a volte cinque notti a settimana, e fu invitata a comparire come solista nel festival di Birmingham. La sua risposta avrebbe determinato una futura direzione della sua vita e per la storia dell'astronomia. Lei rifiutò l'offerta, avendo deciso di apparire solo dove suo fratello dirigeva.

Carolina continuò a collaborare con suo fratello nel suo lavoro ufficiale come musicista, ricevendo per questa attività lezioni di inglese, oltre a quelle di musica. Tuttavia William passava quasi tutto il suo tempo libero a studiare astronomia e matematica, dedicando anche molte ore a migliorare le sue abilità nella costruzione di telescopi.

La notizia delle attività del musicista-astronomo iniziò a diffondersi nei circoli scientifici inglesi, tra cui alcuni amici di William che erano osservatori professionisti, come Thomas Hornsby di Oxford e Nevil Maskelyne, l'Astronomo Reale. Carolina quindi iniziò a seguirlo su questa strada, imparando anche algebra, geometria e trigonometria sferica, utili per le osservazioni astronomiche, fino al punto di leggere testi avanzati come le "Fluxions" [Trattato sulle derivate] di Maclaurin.

Lei stessa ricorda che tutto il tempo libero era preso febbrilmente dai suoi interessi scientifici:

"Ma ogni momento di svago era avidamente colto per riprendere qualche lavoro che era in corso, senza prendere tempo per cambiare vestito, e più di un polsino di pizzo fu strappato o schizzato da pece fusa, &c., oltre al pericolo a cui si esponeva continuamente per l'insolita precipitazione che accompagnava tutte le sue azioni, di cui abbiamo avuto un esempio triste un sabato sera, quando entrambi i fratelli tornarono da un concerto tra le 11 e le 12 di notte, il mio fratello maggiore si compiaceva per tutto il tragitto verso casa con l'essere libero di passare il giorno successivo (tranne qualche ora di presenza in cappella) al banco di stagnatura, ma ricordandosi che gli attrezzi avevano bisogno di affilatura, corsero con la lanterna e gli strumenti alla mola del nostro padrone di casa in un cortile pubblico, dove non volevano essere visti di domenica mattina .... Ma mio fratello William fu presto riportato indietro svenuto da Alex con la perdita di una delle sue unghie. Questo accadde nell'inverno del 1775, in una casa situata vicino alla barriera di Walcot, dove mio fratello si

era trasferito a metà estate, 1774. Su un prato dietro la casa fu immediatamente preparato per l'installazione di un telescopio di venti piedi, per il quale, tra specchi di sette e dieci piedi allora in mano, uno di dodici piedi era in preparazione; questa casa offriva più spazio per le officine, e un posto sul tetto per osservare. [...]"

I riflettori che William desiderava per la sua ricerca avevano bisogno di grandi specchi che non potevano essere trovati pronti. Decise quindi di comprare dischi grezzi e di levigarli e lucidarli da solo. Alla fine i diametri dei suoi telescopi diventarono così grandi che anche i dischi grezzi erano oltre le capacità delle fonderie locali, così William iniziò a fondere dischi da solo a casa, e Carolina si ritrovò a passare lunghe ore a pestare sterco di cavallo per lo stampo.

Il mio tempo era così preso a copiare musica e a praticare, oltre che ad assistere mio fratello quando lucidava, dato che per mantenerlo vivo ero costantemente obbligata a nutrirlo mettendo il cibo a pezzetti nella sua bocca. Una volta, per finire uno specchio di sette piedi, non aveva tolto le mani da esso per sedici ore di seguito. In generale non era mai inattivo ai pasti, ma era sempre intento a progettare o a fare disegni di qualunque cosa gli venisse in mente. Di solito ero obbligata a leggere per lui mentre era al tornio, o a lucidare gli specchi, Don Chisciotte, Le mille e una notte, i romanzi di Sterne, Fielding, &c.; servendo tè e cena senza interrompere il lavoro con cui era impegnato, ... e a volte dando una mano. [...]

Dal 1781 l'astronomia non fu più un hobby per William perché divenne famoso grazie a una scoperta importante. Inizialmente scambiato per una cometa era invece un nuovo pianeta: "Georgium sidus" (stella georgiana) che in seguito fu chiamato Urano. Giorgio III, Re d'Inghilterra ed Elettore di Hannover (William era un residente di Hannover in Inghilterra), gli diede uno stipendio di 200 sterline all'anno per questo, che non era troppo generoso (come musicista guadagnava 300 sterline), ma abbastanza per permettergli di dedicarsi a tempo pieno all'astronomia.

Con una performance finale nella Cappella di St. Margaret, la Domenica di Pentecoste del 1782, la carriera musicale di William e Carolina giunse al termine. Carolina allora abbandonò la sua carriera di cantante con un certo rammarico, perché la musica, a suo parere, era la sua vera e unica vocazione; e si lasciò coinvolgere nell'attività astronomica di suo fratello.

La considerazione di se stessa nella veste di assistente-astronoma la portò a una scarsa considerazione di se stessa. Lo aiutò sia nelle sue osservazioni che nella fabbricazione degli strumenti, e presto William le diede un telescopio con cui iniziò a osservare i cieli da sola, conducendo indagini sistematiche del cielo, e in particolare cercando quelle comete che la affascinavano tanto nella sua infanzia.

21.2 Diventare un astronomo professionista

Ad agosto del 1782 si trasferirono a Datchet, vicino a Windsor, in un padiglione fatiscente, perché William aveva bisogno di un posto molto più grande per realizzare la sua attività astronomica.

Il nuovo ruolo di Caroline era principalmente quello di aiutare suo fratello con i suoi progetti astronomici: William infatti le chiese di abbandonare la sua attività di osservazione perché doveva stare all'oculare senza interruzione, pronto a descrivere qualsiasi nebulosa che appariva alla vista e lei seduta alla scrivania vicino a una finestra aperta, e quasi infreddolita come suo fratello, annotava la sua descrizione, la ripeteva per conferma, e registrava l'ora dell'osservazione e l'altezza del nuovo telescopio da 20 piedi.

Durante il giorno doveva lavorare sui risultati ottenuti nella notte precedente, un compito svolto con l'eccezionale precisione che è necessaria per eseguire lunghi calcoli. In questo modo aveva molto meno tempo per le sue osservazioni, ma quando suo fratello non era a casa, lei riusciva a riprendere il suo programma di ricerca.

Curiosamente, Caroline non imparò mai le tabelline della moltiplicazione perché le aveva studiate tardi nella vita, quindi portava in tasca una tabella su un foglio di carta quando lavorava, ma nonostante ciò non le è mai stato imputato un errore di calcolo, a quanto ci risulta.

Uno dei suoi interessi erano, in particolare, gli oggetti del cielo profondo, e alla fine del 1783 aveva scoperto quattordici oggetti, tra cui galassie e ammassi aperti, che furono inclusi nel catalogo di William. Non fu, comunque, un lavoro facile, come testimoniato dal suo diario, pubblicato da suo nipote John Herschel:

"[...] Conoscevo troppo poco il cielo reale per essere in grado di indicare ogni oggetto in modo da ritrovarlo senza perdere troppo tempo consultando l'Atlante. Ma tutti questi problemi venivano risolti quando sapevo che mio fratello non era lontano a fare osservazioni con i suoi vari strumenti su stelle doppie, pianeti, &c., e io potevo avere il suo aiuto immediatamente quando trovavo una nebulosa, o un ammasso di stelle, di cui intendevo dare un catalogo; ma alla fine del 1783 ne avevo segnati solo quattordici, quando il mio 'spazzamento' fu interrotto per trascrivere le osservazioni di mio fratello con il grande venti piedi. Avevo, comunque, il conforto di vedere che mio fratello era soddisfatto dei miei sforzi per aiutarlo quando aveva bisogno di un'altra persona, sia per correre agli orologi, scrivere un promemoria, prendere e portare strumenti, o misurare il terreno con pali, &c., e in ogni momento succedeva qualcosa del genere. [...]".

Due degli oggetti a cui queste parole si riferiscono sono galassie: NGC 253, scoperta il 23 settembre 1783, e NGC 205, un membro dello stesso gruppo locale di galassie di Andromeda e della Via Lattea, scoperta il 27 agosto 1783.

Tutti gli altri oggetti sono ammassi aperti: NGC 7789, scoperto nell' autunno del 1783 con uno strumento di diametro 80–100 mm, e altri tre (NGC 189, NGC 225, NGC 659) sono in Cassiopea. Questo ammasso stellare, che contiene circa mille oggetti entro un raggio di 50 anni luce a circa 6000 anni luce da qui, è un po' particolare per un ammasso aperto.

Questo perché di solito gli ammassi aperti sembrano ammassi stellari solo perché sono formati da stelle giovani nate insieme in una nebulosa. A causa della loro giovane età quindi non hanno avuto abbastanza tempo per disperdersi, ma alla fine lo faranno poiché non sono legati gravitazionalmente. Questo di solito accade in poche decine di milioni di anni, che quindi rappresenta un limite tipico per l'età di un ammasso aperto.

Quello di NGC 7789, invece, è di circa 1,5 miliardi di anni. Lo si può vedere anche dal loro colore, poiché i suoi membri sono generalmente gialli e arancioni, mentre le stelle di un milione di anni, che rappresentano la popolazione tipica di un ammasso aperto, di solito tendono ad essere più blu. La lista include anche

Figura 21.2 NGC 253, conosciuta anche come la Galassia dello Scultore come osservata con il telescopio danese da 1,5 metri all'Osservatorio ESO La Silla in Cile. Licenza Creative Commons Attribution 4.0 International, ESO/IDA/Danish 1,5 m/R. Gendler, U.G. Jørgensen, J. Skottfelt, K. Harpsøe

due ammassi aperti nella costellazione del Cigno (NGC 6819 e 6866), e uno per ciascuna costellazione in Andromeda, Cefeo, Canis Major, Hydra e Ofiuco, cioè rispettivamente NGC 752, NGC 7380, NGC 2360, NGC 2548 e NGC 6633.

Il quattordicesimo oggetto è anche un ammasso aperto in Ofiuco, il cui numero di catalogo è IC 4665, come riportato da Michael Hoskin nel 2006. La sua inclusione nella lista di Caroline Herschel è avvenuta dopo un certo dibattito perché altri osservatori condividevano l'opportunità di catalogarlo, ma nessuno, con la possibile eccezione di Caroline, lo ha fatto in modo così completo. Ha poi ricevuto il suo definitivo numero di identificazione nella seconda versione dell'Index Catalogue, nel 1908.

21.3   Cacciatrice di comete

Leggendo i ricordi di Caroline, l'idea di trovare comete non le era sconosciuta: "… In assenza di mio fratello da casa, ero ovviamente lasciata sola a divertirmi con i miei pensieri, che erano tutt'altro che allegri. Ho scoperto che dovevo essere addestrata come assistente-astronomo, e come incoraggiamento mi è stato dato un telescopio adatto per "sweeping" [spazzare il cielo] composto da un tubo con due lenti, come quelle comunemente usate in un "cercatore". Dovevo "spazzare" per le comete, e vedo dal mio diario, che ho iniziato il 22 agosto 1782 a scrivere e descrivere tutte le apparizioni notevoli che vedevo nei miei "spazzamenti", che erano orizzontali. Ma fu solo negli ultimi due mesi dello stesso anno che sentii il minimo incoraggiamento a passare le notti stellate su un prato coperto di rugiada o brina, senza un essere umano abbastanza vicino da essere chiamato. [...]".

Ad aprile 1786 gli Herschel si trasferirono a Slough in una nuova casa, che chiamarono Observatory House e Caroline ricevette qui, da suo fratello, un piccolo telescopio con una lunghezza focale di circa 70 cm capace di 30 ingrandimenti. Nella notte del 1° agosto l'astronoma di 36 anni scoprì la sua prima cometa, ora chiamata C/1786 P1 Herschel, a volte chiamata "la prima cometa della signora", come definita dalla scrittrice Fanny Burney. La sua magnitudine era 7,5, e le condizioni del cielo non erano ottimali, così che dovettero aspettare fino alla notte successiva per confermare la scoperta. La prima osservazione della cometa ad occhio nudo avvenne il 17 agosto, e Charles Messier la notte seguente osservò con il suo telescopio una lunga coda di 1,5°.

L'oggetto divenne rapidamente più facile da osservare, e il 19 agosto il fratello di Caroline descrisse la cometa come "notevolmente più luminosa dell'ammasso globulare M3", con una magnitudine tra 5 e 6. Le osservazioni continuarono fino al 26 ottobre, e i calcoli indicarono che la cometa aveva raggiunto il perielio l'8 luglio a una distanza di soli 0,41 unità astronomiche (circa 61 milioni di km).

Deve essere sottolineato che, all'epoca, la scoperta di una cometa era una delle cose più importanti per un osservatore. Per capire meglio questo punto, si può ricordare che il famoso catalogo che porta il nome dell'astronomo Charles Messier fu realizzato da questo celebre osservatore proprio per aiutare lui e i suoi colleghi nella loro attività principale come cacciatori di comete, in modo che non potessero essere erroneamente identificati con l'oggetto della loro ricerca.

La sua eccitazione per questa scoperta è evidente nelle sue note:

1 agosto. – Oggi ho contato cento nebulose, e stasera ho visto un oggetto che credo si rivelerà domani notte essere una cometa.

Seconda notte – Oggi ho calcolato 150 nebulose. Temo che non sarà sereno stasera. Ha piovuto per tutto il giorno, ma sembra ora che si stia schiarendo un po'.

All'una – L'oggetto di ieri notte è una cometa.

Terza notte – Non sono andata a riposare fino a quando non ho scritto al Dr. Blagden e al Sig. Aubert per annunciare la cometa. Dopo poche ore di sonno, sono andata nel pomeriggio dal Dr. Lind, che, con il Sig. Cavallo, mi ha accompagnato a Slough, con l'intenzione di vedere la cometa, ma era nuvoloso, ed è rimasto così tutta la notte.

E la suddetta lettera al Dr. Blagden è:

2 agosto 1786.

SIGNORE –

In conseguenza dell'amicizia che so esistere tra lei e mio fratello, mi permetto di disturbarla, in sua assenza, con il seguente resoconto imperfetto di una cometa:–

L'incarico di annotare le osservazioni quando mio fratello usa il riflettore di venti piedi non mi permette spesso di guardare il cielo, ma poiché lui è ora in visita in Germania, ho colto l'opportunità di cercare nelle vicinanze del sole, in cerca di comete; e ieri sera, il 1° di agosto, intorno alle 10, ho trovato un oggetto molto simile per colore e luminosità alla 27a nebulosa della Connoissance des Temps, con la differenza, tuttavia, di essere rotondo. Sospettavo fosse una cometa; ma una foschia si stava formando, non era possibile convincermi del suo movimento fino a stasera. Ho fatto diversi disegni delle stelle nel campo visivo con esso, e ho allegato una copia di essi, con le mie osservazioni allegate, in modo che lei possa confrontarli insieme.

1 agosto 1786, 9h 50'. Fig. 1. L'oggetto al centro è come una stella fuori fuoco, mentre le altre sono perfettamente distinte, e sospetto che sia una cometa.

10h 38'. Fig. 2. La cometa sospetta forma ora un perfetto triangolo isoscele con le due stelle a e b.

11h 8'. Penso che la posizione della cometa sia ora come in Fig. 3, ma è così nebbioso che non riesco a vedere sufficientemente la piccola stella b per essere sicura del movimento.

Ad occhio nudo la cometa è tra le 54 e 53 Ursæ Majoris e le 14, 15, e 16 Comæ Berenices, e forma un triangolo ottuso con loro, il cui vertice è rivolto verso sud.

2 agosto, 10h 9'. La cometa è ora, rispetto alle stelle a e b, situata come in Fig. 4, quindi il movimento rispetto a ieri notte è evidente.

10h 30'. Un'altra stella considerevole, c, può essere presa in campo con essa posizionando a al centro, quando la cometa e l'altra stella appariranno entrambe nella circonferenza, come in Fig. 5.

Queste osservazioni sono state fatte con un cercatore Newtoniano di 27 pollici di lunghezza focale, e un ingrandimento di circa 20. Il campo visivo è 2°12'. Non riesco a trovare le stelle a oppure c in nessun catalogo, ma suppongo che possano essere facilmente rintracciate nel cielo, da cui la situazione della cometa, come era ieri notte alle 10h 33', può essere abbastanza accuratamente determinata.

Mi farete il favore di comunicare queste osservazioni agli amici astronomi di mio fratello.

Ho l'onore di essere,

Signore,

La vostra più obbediente, umile servitrice, CAROLINA HERSCHEL.

Il Sig. Aubert, dopo aver visto la cometa, le rispose: *"Hai immortalato il tuo nome"*.

Questa scoperta ha quindi portato una certa notorietà a Caroline, e lei è diventata oggetto di diversi articoli. Miss Burney, la scrittrice e dama di compagnia della Regina, nel 1787 la descrisse come "[...] molto piccola, molto gentile, molto modesta, e molto ingenua; e i suoi modi sono quelli di una persona inconsueta e non intimidita dal mondo, ma desiderosa di incontrare e restituire i suoi sorrisi" e la signora Papendick la ritrasse come "[...] non particolarmente attraente, ma una creatura eccellente e di buon cuore."

21.4 Assistente dell'astronomo del Re

Nel 1787 il Re Giorgio III riconobbe l'attività di Carolina come assistente di suo fratello William assegnandole uno stipendio di 50 sterline all'anno. Nonostante fosse una somma modesta, il fatto è molto importante perché la rende la prima donna nel Regno Unito, e la seconda nel mondo dopo Christine Kirch, il cui lavoro professionale in astronomia è stato ufficialmente riconosciuto e retribuito. La storia di questo riconoscimento non è solo una conseguenza diretta della scoperta di una cometa, come si potrebbe immaginare, piuttosto è probabilmente più complessa, come sottolineato dallo storico dell'Astronomia Michael Hoskin.

William aveva infatti conosciuto Mary Pitt, una vedova che desiderava sposare, ma ciò richiedeva del tempo per la negoziazione sia con lei che con Caroline, che avrebbe dovuto lasciare la casa in cui viveva con suo fratello. Inizialmente pensò di darle un risarcimento economico che avrebbe reso possibile a Caroline di vivere

da sola, ma lei rifiutò fermamente un tale accordo, che avrebbe assomigliato a una sorta di carità. William quindi accettò di fare appello al re per un sovvenzione che includeva una posizione salariata per sua sorella.

È interessante notare che, nella sua lettera di domanda, l'astronomo ha sostenuto le sue richieste affermando che un assistente necessario per operare l'attrezzatura sarebbe costato due volte lo stipendio richiesto.

L'anno successivo, infine, William sposò Mary Pitt e le abitudini di Caroline dovettero cambiare: "Inizialmente Caroline fu profondamente colpita dal matrimonio, e si trasferì in una pensione a Upton. Continuò a sostenere il lavoro di suo fratello e nel fare la passeggiata quotidiana alla Casa dell'Osservatorio diventò una figura ben nota. Spesso, con William che riposava dopo una lunga notte di osservazione, la casa veniva mantenuta il più silenziosa possibile durante il giorno. Alla fine il rapporto tra le due signore Mary e Caroline – si riscaldò [...]".

Caroline ricordava con grande dolore il cambiamento del rapporto con suo fratello e ricordava anche il suo risentimento verso la cognata. Tuttavia, il loro rapporto migliorò con il tempo, al punto che, probabilmente pentita di quello che aveva scritto, distrusse in seguito le pagine del suo diario riguardanti questo periodo.

Alla fine questo evento la rese indipendente da suo fratello, che prima del suo matrimonio assisteva come una governante. Vivendo in una casa accanto a quella della nuova coppia, i due fratelli potevano continuare a godere della loro reciproca collaborazione, ma su un piano più autonomo, sia dal punto di vista economico che scientifico, favorendo effettivamente il fiorire della carriera astronomica della sorella, in cui si distinse particolarmente come cacciatrice di comete.

Il 21 dicembre 1788 Caroline scoprì la sua seconda cometa, che fu chiamata 35P/Herschel-Rigollet a circa 1° sud dalla stella Beta Lyrae. William Herschel la descrisse come una nebulosa notevolmente luminosa e irregolarmente formata, più luminosa al centro, cinque o sei arcominuti in diametro. L'inseguimento continuò fino al 5 febbraio 1789, e la sua orbita, creduta parabolica, raggiunse il perielio il 21 novembre, a una distanza di 0,75 unità astronomiche.

Circa 151 anni dopo, il 28 luglio 1939, Roger Rigollet scoprì una cometa di ottava magnitudine, e i successivi calcoli orbitali confermarono che era la stessa cometa scoperta dall'astronoma anglo-tedesca nel 1788, da cui il doppio nome. Sebbene non parabolica, la sua orbita è piuttosto ellittica. Osservata per l'ultima volta il 16 gennaio 1940 dall'Osservatorio Lick, il suo prossimo passaggio era previsto alla fine del ventunesimo secolo. Quando fu introdotta la attuale nomenclatura cometaria, all'inizio del 1995, alla cometa 35/P Herschel-Rigollet fu assegnato il prefisso che la identifica come la 35 esima cometa periodica ad essere stata osservata al perielio.

Nel corso di 10 anni, le scoperte di comete di Caroline si accumularono fino a raggiungere l'impressionante numero di 8, un record femminile superato solo nel 1980 da un'altra Caroline, l'astronoma Carolyn Shoemaker. Più precisamente, solo sei comete possono essere ufficialmente attribuite a lei, ma per altre due è stata significativamente coinvolta nella loro identificazione.

Nel 1790 infatti ce n'erano due (C/1790 A1 Herschel e C/1790 H1 Herschel) in gennaio e aprile. L'anno successivo, esattamente il 15 dicembre 1791 è arrivata la quinta (C/1791 X1 Herschel), e quasi 2 anni dopo, il 7 ottobre 1793, C/1793 S2 Messier che però era già stata avvistata senza che lei lo sapesse da Charles Messier, come si può capire dalla denominazione ufficiale. La settima e l'ottava cometa sono la 2P/Encke e la C/1797 P1 Bouvard-Herschel, ma mentre quest'ultima ha una storia abbastanza normale, con l'eccezione di una scoperta contemporanea da parte della nostra protagonista e dell'astronomo Alexis Bouvard il 14 agosto 1797, la prima ha una storia molto più complessa e interessante che merita un racconto a parte.

21.5 Curiosità

Il nome della cometa 2P/Encke significa che, a differenza di quelle sopra, è un oggetto periodico, cioè uno con un'orbita chiusa e nota. Fu avvistata la notte del 17 gennaio 1786, nella costellazione dell'Acquario, dal famoso cacciatore di comete Pierre Mechain. Al momento della sua apparizione era un oggetto di magnitudine 6,3, come l'ammasso globulare M2. Dopo aver segnalato la sua scoperta a

Messier, entrambi i cacciatori di comete, insieme a Jean Dominique Cassini, la osservarono di nuovo due notti dopo, il 19 gennaio, ma a causa del suo movimento veloce, la cometa non fu più avvistata e quindi, sulla base di sole due osservazioni, non fu possibile calcolare la sua orbita.

Quasi 10 anni passarono prima che la cometa potesse essere avvistata di nuovo da Caroline, la notte del 7 novembre 1795, come un oggetto con una luminosità che poteva essere paragonata a quella di M31. A quel tempo nessuno sapeva che era la stessa cometa di Mechain, e quindi fu classificata come una nuova cometa la cui scoperta fu attribuita alla sorella Herschel. Durante questo passaggio fu poi osservata per 3 settimane da altri astronomi come Johan Bode e Heinrich Olbers, e fu anche tentata una determinazione dell'orbita, ma si poté solo concludere che non era parabolica.

Ancora 10 anni dopo la cometa fu riscoperta ancora una volta, il 19 ottobre 1805 da Jean Louis Pons, Johann Sigismund Huth e Alexis Bouvard. Questa volta, tuttavia, Johann Encke, un astronomo tedesco che in seguito diventò direttore dell'Osservatorio di Berlino, annunciò che dallo studio di queste osservazioni l'orbita doveva essere ellittica con un periodo di 12,1 anni, non una stima molto precisa, ma comunque molto più corretta rispetto ai calcoli di altri astronomi che cercavano ancora di trovare un'orbita parabolica.

La cometa apparve di nuovo nel 1818. Pons la vide il 26 novembre, e rimase visibile per circa 7 settimane. Olbers suggerì quindi che doveva essere la stessa cometa osservata nel 1786, 1795 e 1805, e Encke fornì la prova matematica che era effettivamente la stessa cometa e che aveva un periodo di 3,3 anni. Nel 1819 Encke, grazie alla sua soluzione orbitale, calcolò i suoi passaggi precedenti tenendo conto delle perturbazioni causate dai pianeti conosciuti, ad eccezione di Urano, e in 6 settimane fu in grado di confermare che le quattro comete erano veramente la stessa.

Con la conferma della sua periodicità Encke poté prevedere il prossimo arrivo della cometa, con il 24 maggio 1822 come data del suo passaggio al perielio, e il 2 giugno Karl Rümker avvistò la cometa da un osservatorio privato in Australia. Questa fu la seconda cometa dopo l'Halley il cui ritorno fu predetto, e per questo motivo prese il nome da Encke.

La cacciatrice di comete Caroline, con otto trofei, all'epoca prese il terzo posto dopo due famosi astronomi francesi: Messier con 14 e Méchain con 10; le piaceva la caccia, ma non si interessava del loro significato scientifico. Tutti i documenti relativi alle comete di Caroline furono trovati dopo la sua morte ordinatamente raggruppato in un pacchetto etichettato: "Liste e Ricevute delle mie Comete".

Un altro fatto curioso riguarda l'"impresa familiare" degli Herschel o, per dirlo meglio, di William. La sua attività era in parte finanziata dalla costruzione e vendita di telescopi. Questa era un'attività completamente artigianale, quindi le istruzioni per l'uso e l'assemblaggio incluse nei telescopi non erano stampate, ma scritte accuratamente a mano da Caroline.

21.6 Cosa dissero di lei

Nel 1791 Caroline usò un telescopio che portò con sé quando si ritirò ad Hanover,
e ora l'ottica è custodita nel Museo Storico della stessa città. Nevil Maskelyne,
l'Astronomo Reale, scrisse al riguardo:

> *"[…] Lei [Caroline Herschel] mi mostrò il suo telescopio newtoniano di 5 piedi fatto per
> lei dal fratello per scrutare i cieli. Ha un'apertura di 9 pollici, ma ingrandisce solo da
> 25 a 30 volte, e copre un campo di 1° 49' essendo progettato per mostrare oggetti molto
> luminosi per scoprire meglio qualsiasi nuovo visitatore del nostro sistema, cioè Comete,
> o qualsiasi nebulosa non scoperta. È uno strumento molto potente, & mostra molto bene
> gli oggetti. È montato su un asse verticale, o perno, e gira semplicemente spingendo o
> tirando il telescopio; si muove facilmente in altitudine con corde nel modo in cui i telescopi
> newtoniani sono stati usati in passato. L'altezza dell'oculare cambia poco nel passaggio
> dall'orizzonte allo zenit. Questo lo fa su e giù in 6 o 8 minuti, & poi muove il telescopio
> un po' avanti in azimuth, & spazza un'altra porzione del cielo allo stesso modo. Così può
> spazzare un quarto del cielo in una notte. Il Dr [William Herschel] le ha dato istruzioni
> scritte su come procedere, e lei conosce tutte le nebulose [elencate da Messier] a vista,
> che lui ritiene necessarie per distinguere le nuove Comete che potrebbero apparire da esse.
> Così vedete, ovunque lei perlustri con bel tempo, nulla può sfuggire alla sua vista."*

Caroline fu la prima donna a scoprire ufficialmente una cometa e Miss Fanny Burney, la romanziera, la chiamò "la sua vocazione eccentrica"; William mostrò la
prima cometa di Caroline alla Famiglia Reale, ma Caroline non era lì perché non
era l'astronoma del Re. Ma era presente anche Miss Burney che disse: "La cometa
era molto piccola, e non aveva nulla di grandioso o impressionante nel suo aspetto;
ma è la prima cometa di una signora, e avevo molta voglia di vederla."

Un importante astronomo dilettante inglese, Francis Wollaston, disse:

> *"Miss Herschel che metto al primo posto come astronoma sorella", uno degli innumerevoli
> visitatori della casa degli Herschel, il Professor Karl Seyffer di Göttingen la chiamò la "più
> nobile e degna sacerdotessa dei nuovi cieli" e Lalande le inviò una lettera di ringrazia-
> mento per la notizia della quarta cometa a "Madamoiselle Caroline Herschel, astronome
> célèbre (astronoma famosa)".*

Come accennato prima, Caroline aveva rifiutato l'offerta di denaro di William che
l'avrebbe resa indipendente in caso di matrimonio. Fu per questo che chiese al Re
uno stipendio per il suo assistente:

> *"Sapete Signore, che le osservazioni con questo grande strumento non possono essere fatte
> senza quattro persone: l'astronomo, l'assistente, e due operai per i movimenti. Ora, la mia
> brava e laboriosa sorella ha finora svolto il ruolo di assistente, e intende continuare a fare
> quel lavoro. Lo fa infatti molto meglio, a mio gusto, di qualsiasi altra persona che potrei
> avere, che sarei molto dispiaciuto di perderla da quell'ufficio.*
>
> *Forse la nostra graziosa Regina, per incoraggiare un'astronoma donna, potrebbe essere
> indotta a concederle un piccolo sussidio annuale, come 50 o 60 sterline, che la rendereb-
> bero tranquilla per la vita, così che, se dovesse succedermi qualcosa, non avrebbe l'ansia
> di essere lasciata senza risorse. Ha spesso espresso un desiderio ma non ha mai avuto il
> coraggio di fare una richiesta alla sua Maestà per questo scopo; né avrei potuto essere
> persuaso a menzionarlo ora, se non fosse per la sua evidente utilità nelle osservazioni che
> devono essere fatte con il riflettore di 40 piedi, e l'inevitabile aumento delle spese annua-
> li che, se mia sorella dovesse rinunciare a quell'ufficio, probabilmente ammonterebbero a
> quasi cento sterline in più per un assistente."*

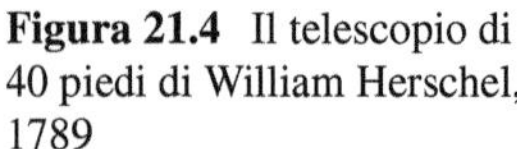

Figura 21.4 Il telescopio di
40 piedi di William Herschel,
1789

Suo nipote John scrisse: "Ho imparato ad apprezzare pienamente l'abilità, la diligenza e l'accuratezza che quella instancabile signora ha portato avanti in un compito che solo la più sconfinata devozione avrebbe potuto indurla a intraprendere e permetterle di portare a termine."

21.7   Premi

Nel frattempo, il lavoro scientifico di Caroline continuò, e oltre alla sua attività di cacciatrice di comete si imbarcò da sola in un nuovo progetto il cui obiettivo era controllare e correggere il catalogo stellare prodotto da John Flamsteed. Nel 1798 Caroline presentò alla Royal Society l'Indice delle Osservazioni delle Stelle Fisse di Flansteed, insieme a un elenco di altre 560 stelle che erano state trascurate.

Questa pubblicazione segna la fine temporanea del suo lavoro come ricercatrice, che riprese 25 anni dopo, alla morte del fratello William. In questo periodo si dedicò all'educazione del figlio di William e Mary, John Herschel, nato nel 1792, e che passò lunghi periodi con lei durante le vacanze. Durante i suoi studi universitari John era a Cambridge, dove eccelleva come matematico. La Royal Society riconobbe molto presto i suoi meriti, scegliendolo per unirsi alla ricerca astronomica del padre, e premiando il giovane scienziato con la Medaglia Copley nel 1821 per i suoi successi. In questi anni la fama di Caroline le fece guadagnare molta considerazione. Fu ospite dell'Astronomo Reale Nevil Maskelyne all'Osservatorio Reale nel 1799 e di membri della famiglia reale in diverse occasioni nel 1816, 1817 e 1818, ricevendo premi per i suoi meriti scientifici.

Nel 1822, alla morte del suo amato fratello William, decise di tornare ad Hanover. Sicuramente con dolore aveva deciso di lasciare l'Inghilterra, ma in questo modo fu in grado di perseguire alcuni progetti di ricerca che aiutarono suo nipote John. Inoltre, tale ricerca non fu svolta come assistente, ma come ricercatrice indipendente.

Produsse quindi un catalogo di 2500 nebulose per il quale la Royal Astronomical Society nel febbraio 1828 le assegnò la sua medaglia d'oro: "Che una Medaglia d'Oro di questa Società sia data a Miss Caroline Herschel per la sua recente riduzione, a gennaio 1800, delle Nebulose scoperte dal suo illustre fratello, che può essere considerata come il completamento di una serie di sforzi probabilmente senza pari sia per grandezza che per importanza negli annali del lavoro astronomico." Questo premio non fu ricevuto da un'altra donna fino al 1996.

Anche ad Hanover divenne una celebrità, e molti scienziati, come il matematico Gauss, le fecero visita. Dire che la più apprezzata fu quella del suo nipote, tuttavia, sarebbe una vittoria facile. Infatti nel 1832, quando aveva ottantadue anni, John scrisse di lei: "Corre in giro per la città con me, e salta le due rampe di scale. Al mattino, fino alle undici o dodici, è stanca e affaticata, ma con l'avanzare del giorno prende vita, ed è del tutto 'fresca e divertente' alle dieci di sera, e canta vecchie filastrocche, anzi, addirittura balla."

Nel 1835 Caroline Herschel e un'altra scienziata, Mary Somerville, furono elette membri onorari della Royal Society, diventando le prime donne a ricevere questo prestigioso titolo.

Sarebbe allettante suggerire che le due principali astronome di questo periodo si conoscessero personalmente, dato che vissero vicine per più di 5 anni, tuttavia non esiste alcuna registrazione di tale fatto. Quello che può essere affermato, invece, è che Caroline era ammirata dalla sua più giovane collega, che le inviò anche una lettera e una copia di uno dei suoi libri.

Fu anche eletta membro della Royal Irish Academy nel 1838 e per il suo novantesimo compleanno la celebre astronoma ricevette una lettera che diceva: "Sua Maestà il Re di Prussia, in riconoscimento del prezioso servizio reso all'astronomia da lei, come collaboratrice del suo immortale fratello, desidera consegnarle a suo nome la Grande Medaglia d'Oro per la scienza". E durante le celebrazioni per il suo compleanno lei "[...] intrattenne il principe ereditario e la principessa con grande animazione per due ore, cantando loro anche una composizione di suo fratello William."

Il 9 gennaio 1848, all'età di 97 anni, solo 2 mesi prima del suo 98° compleanno, Carolina morì ad Hannover. Lei stessa scrisse l'inizio del suo epitaffio, che recita:

Qui riposa l'aspetto terreno di

CAROLINE HERSCHEL, Nata

ad Hannover, 16 marzo 1750.

Morta il 9 gennaio 1848.

Gli occhi di Colei che è glorificata erano qui sotto rivolti verso i cieli stellati. Le sue stesse scoperte di Comete, e la sua partecipazione nei lavori immortali di suo Fratello, William Herschel, testimoniano questo alle future generazioni.

La Royal Irish Academy di Dublino, e la Royal Astronomical Society di Londra hanno scritto il Suo nome tra i loro Membri.

All'età di 97 anni e 10 mesi si addormentò serenamente, e in pieno possesso delle sue facoltà, seguendo in una vita migliore suo Padre, Isaac Herschel, che visse fino all'età di 60 anni 2 mesi 17 giorni, e giace sepolto non lontano, dal 29 marzo 1767.

La sua fama continua come i tributi dedicati a lei: un asteroide (281) scoperto il 31 ottobre 1888 da J. Palisa a Vienna, nel 1889 fu chiamato Lucretia in suo onore. Nel 1935 un cratere lunare con un diametro di 13 km fu chiamato Carolina Herschel (34,5 N, 31,2 W).

Tali sono i tributi a una donna di piccole ambizioni personali che non amava le lodi degli estranei, ma apprezzava quelle di suo fratello William.

Capitolo 22
Margaret Bryan (1760?–1816)

> *… anche le scienze più erudite e difficili stanno … iniziando ad essere coltivate con successo dai talenti straordinari ed eleganti delle scrittrici del presente.*
>
> *(Charles Hutton)*

È una signora bella e raffinata in compagnia delle sue giovani figlie. Margaret Bryan in questa miniatura appare come se avesse appena smesso di lavorare, e possiamo anche notare nella stanza e sulla scrivania diversi oggetti astronomici come un telescopio, un planetario e un astrolabio.

Era un'astronoma? O sta insegnando alle sue figlie? In realtà, non sappiamo dove e quando nacque o morì esattamente, ma sappiamo che Margaret Bryan era una filosofa naturale britannica, educatrice e divulgatrice di scienza che pubblicò tre libri di testo scientifici che divennero una consuetudine nell'istituzione educativa britannica durante gli ultimi anni del diciottesimo e l'inizio del diciannovesimo secolo.

Quello che sappiamo della sua vita, infatti, proviene principalmente dalla sua attività lavorativa, e molto poco sulla sua vita privata è sopravvissuto ai nostri giorni. Margaret era una talentuosa direttrice di scuola, probabilmente nata qualche tempo prima nel 1760 e moglie di un certo signor Bryan, ma non sappiamo nulla di lui.

22.1 Opere

La scuola di Margaret Bryan era situata a Londra o nei suoi dintorni, ma apparentemente si spostò diverse volte poiché tre dei suoi indirizzi o località ci sono stati tramandati fino ai nostri giorni: uno è a Blackheath, un altro al 27 di Lower Cadogan Place vicino a Hyde Park Corner, e l'ultimo a Margate. Sappiamo che dopo l'agosto del 1797 fu pubblicato a Londra da Leigh e Sotheby e G. Kearsley, il suo primo libro: Un corso completo di Astronomia, dedicato alle allieve della sua scuola. Come era consuetudine all'epoca, il titolo completo era quasi un riassunto e ci dà una chiara visione del suo contenuto:

© The Author(s), under exclusive license to Springer Nature Switzerland AG 2025
G. Bernardi, *Le sorelle dimenticate*, https://doi.org/10.1007/978-3-031-98547-8_22

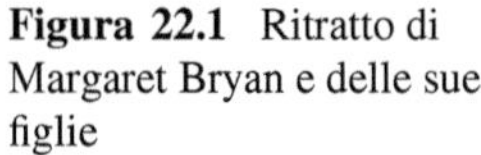

Figura 22.1 Ritratto di
Margaret Bryan e delle sue
figlie

*A Compendious System of Astronomy. A Compendious System of Astronomy, in
a course of familiar lectures: in which the principles of that science are clearly
elucidated, so as to be intelligible to those who have not studied the mathematics.
Also trigonometrical and celestial problems, with a key to the ephemeris, and a
vocabulary of the terms of science used in the lectures: which latter are explained
agreeably to their application in them.*

[Un sistema completo di Astronomia. Un sistema completo di Astronomia, in
un corso di lezioni familiari: in cui i principi di quella scienza sono chiaramente
illustrati, in modo da essere comprensibili a coloro che non hanno studiato le matematiche. Inoltre problemi trigonometrici e celesti, con una chiave per l'effemeridi,
e un vocabolario dei termini di scienza usati nelle lezioni che sono spiegati in base
alla loro applicazione.]

Infatti, il libro era composto da dieci lezioni su astronomia, ottica, leggi di Newton, gravità, orbite planetarie, movimenti della Luna, eclissi, transiti, stelle fisse e
l'universo. Era scritto in uno stile colloquiale e con un linguaggio semplice e chiaro
adatto alle sue giovani allieve, ed era anche illustrato con bellissimi e dettagliati
disegni e diagrammi, apparentemente disegnati dalla stessa autrice.

Il libro includeva anche le ultime scoperte di quel tempo come il pianeta Urano,
scoperto da William Herschel nel 1780, e ancora chiamato Georgium Sidus, in onore del patrono di Herschel, Re George III. Nella prima edizione Margaret registrò
anche la scoperta di due lune attorno a Urano e nella seconda edizione del 1799

aumentò questo numero a sei. Un'introduzione sulla geometria piana elementare e la trigonometria, e un insieme di problemi con soluzioni completavano l'opera.

L'anno successivo, in aprile, si difese nella Critical Review contro quella che sentiva come una critica dannosa apparsa nella stessa rivista sul suo Compendious System. Il Compendious System era stato pubblicato per sottoscrizione, un sistema per raccogliere i soldi necessari a coprire i costi di pubblicazione attraverso contributi privati, e che oggi chiameremmo "crowdfunding". Per questo motivo il libro, dopo la prefazione, si apre con l'elenco degli abbonati in ordine alfabetico. Lo stesso metodo fu adottato per finanziare la pubblicazione, nel 1806, di un altro libro di fisica, il Lectures on Natural Philosophy, che conteneva tredici lezioni su acustica, idrostatica, meccanica, pneumatica, magnetismo ed elettricità con un ritratto dell'autrice, inciso da Heath, da un dipinto di T. Kearsley.

Gli ultimi capitoli sono dedicati all' astronomia: ottica, lenti, specchi, telescopi, microscopi, lo spettro e lo spettroscopio con diagrammi disegnati, numerose tabelle e semplici problemi. Vi si legge anche che "La signora Bryan educa signorine a Bryan House, Blackheath" il che probabilmente indica che la sede della scuola era la sua casa privata.

Infine, un terzo e ultimo libro è intitolato A Comprehensive Astronomical and Geographical Class Book for the use of Schools and Private Families [Un corso completo di Astronomia e Geografia ad uso delle scuole e famiglie], descritto come un ottavo sottile nell'elenco delle opere del 1816 in 'The British Review, and London Critical Journal'. Dopo questo anno non si sa esattamente quando o dove si trasferì.

22.2 Fatti curiosi

"La signora Bryan accoglie giovani signore per scopi educativi." Questo è riportato come pubblicità alla fine dell'edizione 1797 del Compendious System. Significa che non aveva ancora fondato ufficialmente la sua scuola? La scuola di Margaret Bryan, tuttavia, aveva una differenza notevole rispetto alle sue contemporanee, perché era un'accademia dove le ragazze potevano imparare matematica e scienza.

Nel 1799 la seconda edizione del libro mostrava un elenco di 400 abbonati che finanziavano la pubblicazione che ora includeva scienziati distinti e membri dell'alta società, un fatto che suggerisce che potesse godere di ottime relazioni, forse come membro di quello stesso ambiente. Ad esempio Charles Hutton, professore di matematica alla Royal Military Academy di Woolwich la presentò all'astronomo William Herschel. A Slough nel suo osservatorio, la signora Bryan una volta visitò lui e sua sorella Caroline, di cui si è parlato ampiamente in precedenza.

Margaret era anche un'osservatrice poiché nel 1811, in una lettera a William Herschel, descrisse i suoi sforzi per osservare una cometa di quell'anno di Jean Louis Pons.

Nel Drawing Room, all'interno del Herschel Museum of Astronomy a Bath, c'è un dipinto del miniaturista Samuel Shelley che mostra Margaret Bryan e le

sue due figlie. Questa è la copertina del libro intitolato A Compendious System of
Astronomy in a Course of Familiar Lectures [Compendio di Astronomia attraverso
Lezioni Accessibili].

Ha dedicato il libro ai suoi allievi e questa miniatura e la copia della seconda
edizione di questa pubblicazione sono state acquistate attraverso un aiuto finanziario
del The PRISM Fund e della Royal Astronomical Society.

22.3   Cosa dissero di lei

Il Dictionary of National Biography non ci dice molto sulla signora. Bryan, descri-
vendola solo come "una bella e talentuosa maestra di scuola."

Il già citato Charles Hutton ha sostenuto il lavoro della 'bellissima' signora
Bryan in una lettera datata 6 gennaio 1797 dove affermava che "[...] anche le scienze più erudite e difficili stanno iniziando ad essere coltivate con successo dai talenti
straordinari ed eleganti delle scrittrici del giorno d'oggi." Sappiamo di questa lettera
poiché lei ha incluso il testo completo alla fine della Prefazione.

Capitolo 23
Wang Zhenyi (1768–1797)

In realtà, è sicuramente a causa della luna.

Wang Zhenyi era una scienziata cinese che visse durante la dinastia Qing. Il suo nome in cinese semplificato è 王贞仪, in cinese tradizionale 王貞儀, e in pinyin Wáng Zhēnyí.

Nel 1768 Wang Zhenyi nacque in una famiglia importante della provincia di Anhui. Suo nonno, Wang Zhefu (王者辅), era un ex governatore della contea di Fengchen e del distretto di Xuanhua. Era un uomo intelligente, con vivaci interessi culturali che possedeva una biblioteca contenente più di 70 volumi. Questi libri divennero una presenza familiare fin dai primi anni di vita della nipote, e agirono come stimolo per la giovane Wang Zhenyi, che presto imparò a leggere per conoscere il loro contenuto. Anche la sua famiglia ebbe un'influenza positiva nell'allargamento della sua conoscenza: suo padre, Wang Xichen, aveva fallito l'esame imperiale richiesto per diventare un funzionario civile, quindi si dedicò alla medicina registrando le sue scoperte in una raccolta di quattro volumi chiamata Yifang yanchao o "Raccolta delle Prescrizioni Mediche."

Egli divenne così il suo primo insegnante di medicina, geografia e matematica. Sua nonna Dong insegnò poesia, mentre suo nonno, che tuttavia morì nel 1782, la introdusse all'astronomia. Per il suo funerale la famiglia andò a Jiling, vicino alla Grande Muraglia, e rimase lì per 5 anni. Qui la giovane Zhenyi completò la sua formazione, che non si limitò allo sviluppo delle sue abilità intellettuali. In realtà, acquisì abilità equestri, di tiro con l'arco e arti marziali dalla moglie di un generale mongolo chiamato Aa.

Quando raggiunse l'età di 16 anni viaggiò con suo padre a sud del fiume Yangtze, visitando le province di Shaanxi, Hubei e Guangdong e a diciotto anni entrò in amicizia con le studiose di Jiangning, l'odierna Nanchino, attraverso le sue poesie. Oltre a questo, come autodidatta perseguì i suoi studi di astronomia e matematica. All'età di 25 anni sposò Zhan Mei Xuan Cheng, della provincia di Anhui. Il suo matrimonio fu molto felice, e divenne ancora più conosciuta come poetessa, astronoma e matematica, insegnando anche ad alcuni studenti, ma all'età di 29 anni morì senza figli.

G. Bernardi, *Le sorelle dimenticate*, https://doi.org/10.1007/978-3-031-98547-8_23

23.1   Opere ed esperimenti

La vita di Wang Zhenyi fu molto breve, tuttavia lasciò diverse contributi matematici e astronomici. Essendo lei stessa una studiosa autodidatta, le difficoltà che aveva incontrato durante i suoi studi matematici dovevano essere piuttosto dure se una volta disse: "Ci sono stati momenti in cui ho dovuto mettere giù la penna e sospirare. Ma amo l'argomento, non mi arrendo." Quindi capiva molto bene l'importanza di avere testi scientifici chiari e accessibili, e scriveva le sue opere con questa intenzione in mente. Tra gli altri, ammirava i "Principi di Calcolo" del famoso matematico Mei Wending (1633–1721), di cui divenne una grande conoscitrice.

Lo riscrisse poi in un linguaggio semplice e accessibile sotto il titolo "I Fondamenti del Calcolo". Un altro trucco usato da Wang Zhenyi per rendere più facile l'apprendimento della matematica per i principianti era quello di semplificare il modo di eseguire moltiplicazioni e divisioni. Questo culminò in un libro su tale argomento che scrisse a ventiquattro anni e intitolò "I Principi basilari del Calcolo". Ancora nel campo della matematica, e in particolare nella trigonometria, Zhenyi scrisse un articolo intitolato "La Spiegazione del Teorema di Pitagora e della Trigonometria".

Come astronoma, era in grado di descrivere i fenomeni celesti in modo semplice. Ad esempio, nel suo lavoro "Disputa sulla Precessione degli Equinozi" spiega e dimostra come gli equinozi si muovono e mostra come calcolare il loro movimento. Seguirono altri articoli, come la "Disputa sulla Longitudine e sulle Stelle" e "La Spiegazione di un'Eclissi Lunare" in cui analizzava i movimenti della Luna e descriveva i fenomeni delle eclissi lunari e solari.

Il suo approccio allo studio non era limitato alla comprensione o alla semplificazione dei testi o delle ricerche di altri astronomi, ma era anche in grado di perseguire una propria ricerca personale.

Un esempio è il suo famoso esperimento sulle eclissi lunari per spiegare perché si verificano. In un'epoca in cui questi fenomeni erano interpretati dalla maggior parte della popolazione come un segno dell'ira degli dei, scrisse in uno dei suoi libri: "In realtà, è sicuramente a causa della luna", sviluppando anche quello che oggi potrebbe essere chiamato un exhibit.

Era composto dal tavolo rotondo del padiglione del giardino, una lampada di cristallo sostenuta da un cavo appeso alle travi della struttura e che rappresentava il Sole, e uno specchio rotondo che rappresentava la Luna. Muovendo opportunamente gli oggetti, ad esempio, era in grado di mostrare che le eclissi lunari si verificano quando la Luna passa nell'ombra della Terra.

- Libri
  "Principi Semplici di Calcolo."
- Articoli
  "Disputa sulla Precessione degli Equinozi."
  "Disputa sulla Longitudine e sulle Stelle."
  "La Spiegazione di un'Eclissi Lunare."
  "La Spiegazione di un'Eclissi Solare."
  "La Spiegazione del Teorema di Pitagora e Trigonometria."

Figura 23.1 Una replica della Sfera Armillare della Dinastia Ming nel cortile dell'Antico Osservatorio di Pechino

23.2   Quello che scrisse, cosa dissero di lei e quello che lei disse

Oltre alla ricerca scientifica, Wang Zhenyi si dedicò anche alla poesia che alla fine raccolse in tredici volumi di "Ci" o poesia. A questi si aggiungono prosa, varie prefazioni e postfazioni scritte per altri lavori. Il famoso studioso Yuan Mei disse che le sue opere "avevano il sapore di una grande penna, non di una poetessa".

La poesia di Wang Zhenyi era nota per l'assenza di parole fiorite comuni allo stile femminile. I temi nei suoi poemi erano legati ai classici e alla storia. I numerosi viaggi che fece con suo padre furono una grande ispirazione, dandole l'ispirazione per descrivere luoghi, la vita delle persone comuni e delle donne lavoratrici, o il contrasto tra ricchi e poveri. Ecco alcuni esempi:

"Attraversando il Passo di Tong"

> Così importante è la porta, che occupa
> la gola della montagna
> Guardando giù dal cielo,
> Il sole vede il fiume Giallo che scorre.

"Scalando il Monte Tai"

> Le nuvole coprono le colline,
> Il sole si bagna nel mare.

"Una Poesia di Otto Righe"

> Il villaggio è privo di fumo di cucina,
> Le famiglie ricche lasciano marcire i grani immagazzinati;
> Tra l'assenzio giacciono pietosi corpi affamati,
> Funzionari avidi continuano a imporre tasse sui campi.

Wang Zhenyi credeva nell'uguaglianza e nelle pari opportunità per uomini e donne. Scrisse in una delle sue poesie:

> È fatto per far credere,
> Che le donne siano uguali agli uomini;
> Non sei convinto,
> Anche le figlie possono essere eroiche?

A questo proposito, esprimeva pubblicamente la sua opinione contro i valori comuni dei suoi contemporanei che confinavano le attività femminili ammissibili in una sfera molto limitata: "Quando si parlava di apprendimento e di scienze, la gente non pensava alle donne", e "le donne dovrebbero solo occuparsi di cucina e cucito, e non preoccuparsi di scrivere articoli da pubblicare, studiare la storia, comporre poesie o fare calligrafia." [Uomini e donne] "sono tutte persone, che hanno la stessa ragione per studiare."

Infatti la sua situazione era insolita per una donna, come scrisse: "Ho viaggiato per diecimila li [Misura di distanza, durante la dinastia Han (206 a.C.–220 d.C.) un li equivaleva a circa 415 metri] e letto diecimila volumi. Audace è il tentativo di superare gli uomini."

23.3   Riconoscimenti

L'Unione Astronomica Internazionale nel 1994 ha dedicato a Wang Zhenyi un cratere su Venere: latitudine 13°12′ N, longitudine 217°48′ E, e del diametro di 23,4 chilometri.

Capitolo 24
Marie-Jeanne Amélie Harlay Lefrancais de Lalande (1768–1832)

> *Mia nipote aiuta suo marito nelle sue osservazioni e trae conclusioni attraverso il calcolo …*
>
> *(Joseph Jérôme Lalande)*

Marie-Jeanne Amélie Harlay nacque a Parigi nel 1768 e si sposò a vent'anni con Michel Jean Jérôme Lefrancais de Lalande (1766–1839), nipote del famoso astronomo Joseph-Jérôme Lalande, che era un astronomo come suo zio.

Ebbero una figlia e il suo celebre prozio scrisse: *"Questo figlio dell'astronomia è nato il 20 gennaio 1790, un giorno in cui abbiamo visto a Parigi per la prima volta la cometa scoperta da Miss Caroline Herschel; la bambina fu quindi chiamata Carolina; il suo padrino era Delambre."*

Marie-Jeanne Amélie aiutò suo marito con le sue osservazioni astronomiche ed eseguiva i calcoli matematici necessari per la loro interpretazione. Divenne così esperta che aiutò l'astronomo Cassini IV nel 1791, allora direttore dell'Osservatorio di Parigi, nelle sue osservazioni presso il College de France.

24.1 Opere

- Tabelle orarie dell'Abrégé de navigation di Joseph Jérôme Lalande, Parigi.
- Histoire celeste francaise, di Joseph Jérôme Lalande, Parigi 1801.

Nel 1793 Marie-Jeanne calcolò e pubblicò la Tavola oraria per la marina – contenuta nell'Abrégé de navigation (compedio di navigazione) di Joseph-Jérôme Lalande. Queste tabelle occupavano trecento pagine ed erano definite da suo zio un "lavoro enorme per la sua età e il suo sesso". Tali tabelle erano comuni all'epoca, e venivano utilizzate dai marinai per determinare l'ora in mare calcolando l'altitudine del Sole e delle stelle.

Queste tabelle valsero alla loro autrice una medaglia del Lycée des Arts, che veniva assegnata a studiosi e artisti distinti. "Credo, – scrive Lalande – che ciò che manca alle donne siano solo le opportunità di istruzione e gli esempi che possono emulare; le vediamo emergere abbastanza, nonostante gli ostacoli dell'istruzione e

© The Author(s), under exclusive license to Springer Nature Switzerland AG 2025
G. Bernardi, *Le sorelle dimenticate*, https://doi.org/10.1007/978-3-031-98547-8_24

Figura 24.1 L'Osservatorio di Parigi rappresentato da Louis Figuier intorno al 1870

dei pregiudizi, per credere che abbiano tanto talento quanto la maggior parte degli uomini che si fanno un nome nella Scienza."

Madame de Lalande collaborò alla preparazione dell'Histoire céleste francaise di Lalande, il più grande e completo catalogo stellare del tempo che fu pubblicato nel 1801 e includeva posizioni e magnitudini di oltre 47.000 stelle.

L'ammontare del lavoro richiesto da questa pubblicazione può essere compreso dal fatto che, solo considerando la parte computazionale, erano necessarie almeno 36 operazioni per ogni stella.

Come collaboratrice di Lalande e per via delle opere precedenti, il suo nome divenne molto noto in tutta Europa. Il famoso fisico Gauss la conobbe prima di Sophie Germain.

Morì nel 1832 all'età di 64 anni.

Figura 24.2 La Musa Urania di Johann Heinrich Tischbein il Vecchio, 1782

24.2   Cosa dissero di lei

Joseph-Jérôme Lalande, direttore dell'Osservatorio Astronomico di Parigi tra il 1795 e il 1800, pubblicò una nota di apprezzamento per sua nipote Marie-Jeanne:

Mia nipote aiuta suo marito nelle sue osservazioni e trae conclusioni attraverso il calcolo. Ha ridotto le osservazioni di diecimila stelle e preparato un lavoro di trecento pagine di tabelle orarie, un lavoro gigantesco per la sua età e il suo sesso, che sono pubblicate nel mio Abrégé de navigation. È una delle poche donne che abbia scritto libri di scienza. Ha pubblicato tabelle per calcolare l'ora in mare in base all'altitudine del Sole e delle stelle. Queste tabelle furono pubblicate nel 1791 per ordine dell'Assemblea Nazionale [...] nel 1799 pubblicò un catalogo di diecimila stelle, ridotte e calcolate.

24.3   Fatti curiosi

Diede a sua figlia il nome di Caroline in onore della grande astronoma anglo-tedesca Caroline Lucretia Herschel. Caroline Lalande nacque a Parigi il 20 gennaio 1790, lo stesso giorno in cui fu avvistata nella città una delle molte comete scoperte dalla famosa astronoma.

Capitolo 25
Mary Fairfax-Somerville (1780–1872)

La Regina della Scienza del XIX Secolo

Il 26 dicembre 1780 nacque la piccola Mary Fairfax a Roxburghshire, Scozia, per essere più precisi nella città di Jedburgh. Le usanze del tempo le avrebbero assegnato un futuro piuttosto convenzionale, ma il suo destino prese una direzione diversa.

Fino a circa 10 anni di età, come era consuetudine per le ragazze dell'epoca, ricevette un'istruzione approssimativa, sebbene fosse stata mandata per 1 anno da suo padre – un alto ufficiale della marina che era spesso in mare – in un costoso collegio. La giovane ragazza, tuttavia, iniziò in seguito un'istruzione da autodidatta che includeva il latino e la matematica. In parte la causa del suo interesse può essere attribuita a suo zio, il Dr. Thomas Somerville, che alla fine divenne suo suocero in un secondo matrimonio.

Il Dr. Somerville raccontava spesso a Mary storie dei grandi scienziati del mondo antico, che ispiravano la sua giovane mente, e aiutava anche sua nipote con il latino. La curiosità di questa futura scienziata, tuttavia, non si limitava alla storia passata, ma era orientata a capire gli strani simboli dell'algebra. Tuttavia, per approfondire la sua conoscenza di quest'area della matematica, aveva bisogno di libri di testo appropriati, così escogitò uno stratagemma.

Poiché una donna non poteva comprare direttamente tali libri, chiese al tutore di suo fratello minore di trovarle una copia degli Elementi di Euclide, e una volta ottenuta iniziò a studiare i problemi matematici presentati nelle riviste femminili. In casa, tuttavia, questo talento non era molto apprezzato: "[...] avremo Mary in una camicia di forza uno di questi giorni. C'era X., che è impazzita per la longitudine!" Questo è ciò che una volta disse il padre di Mary, e la famiglia era unanime nel scoraggiare la sua strana passione, al punto che i suoi genitori tentarono di fermare queste letture rimuovendo le candele.

Ma Mary non si arrese e memorizzò i problemi che poteva risolvere mentalmente fino alle soluzioni. Gli anni passarono, e nel 1804 Samuel Grieg, capitano della Marina russa, divenne suo primo marito. Come ricordava: "Mio marito mi aveva portato nella sua casa da scapolo a Londra, che era estremamente piccola e mal ventilata. Avevo una chiave del vicino cortile, dove ero solita passeggiare. Ero sola

G. Bernardi, *Le sorelle dimenticate*, https://doi.org/10.1007/978-3-031-98547-8_25

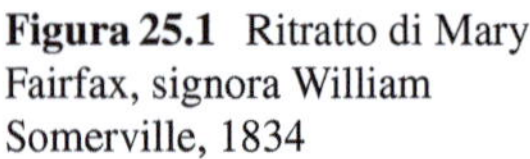

Figura 25.1 Ritratto di Mary Fairfax, signora William Somerville, 1834

tutto il giorno, quindi ho continuato i miei studi matematici e altri, ma con grandi svantaggi; perché anche se mio marito non mi ha impedito di studiare, non ho ricevuto alcuna simpatia da lui, poiché aveva un'opinione molto bassa della capacità del mio sesso, e non aveva alcuna conoscenza né interesse per le scienze di qualsiasi tipo."

Dopo 2 anni di matrimonio e due figli Mary rimase vedova, e tornò in Scozia con loro. Con un'eredità sufficientemente agiata, poté dedicarsi ai suoi interessi scientifici in matematica, vincendo nel 1811 un premio per una soluzione di un'equazione diofantea, e iniziando ad avvicinarsi allo studio dei Principia di Newton.

25.1   Opere

Nel 1812 si sposò di nuovo, questa volta con suo cugino William Somerville, un medico che era tornato in Scozia dopo quasi 15 anni all'estero nel dipartimento medico dell'esercito. I due condividevano un interesse per scienze naturali e da loro nacquero quattro figli. Il nuovo marito incoraggiò e sostenne significativamente la sua attività scientifica.

Come membro della Royal Society le diede l'opportunità di accedere alla biblioteca dell'istituzione, e di essere presentata a diversi scienziati. Quando divenne una scrittrice di scienza popolare fu lui che curò e copiò i suoi manoscritti, compilan-

Figura 25.2 Ritratto ad acquerello di Ada King, contessa di Lovelace (Ada Lovelace), 1840

do le bibliografie, e gestendo la corrispondenza con scienziati ed editori. Insieme a suo marito studiò geologia e, all'età di 33 anni, Mary iniziò a studiare greco, botanica, matematica avanzata, fisica, meteorologia e astronomia. Nel 1816 i Somerville si trasferirono da Edimburgo a Londra, un ambiente ricco di scienziati e professionisti.

Solo per dare alcuni esempi, William Wollaston le mostrò il prisma che aveva usato per scoprire lo spettro solare entro poche ore dalla scoperta, mentre Thomas Young spiegò il suo metodo astronomico per datare i papiri egiziani, e Sir James South le insegnò a osservare i sistemi binari. Le fu permesso di vedere le macchine calcolatrici di Charles Babbage e divenne una consigliera intellettuale della giovane Ada Lovelace, figlia di Lord Byron, collaboratrice di Babbage e prima programmatrice della storia. Infatti un linguaggio di programmazione, Ada, usato principalmente nell'ambito militare, porta il suo nome.

La loro associazione con il mondo scientifico non si limitava al suo ramo locale o inglese. I Somerville visitarono l'osservatorio degli Herschel a Slough e incontrarono a Parigi e in Svizzera i più grandi scienziati del tempo. Tali relazioni le diedero l'opportunità di ricevere libri e articoli su diversi argomenti, e inviti a conferenze e lezioni. Una situazione perfetta per lo sviluppo della sua attività e per scrivere direttamente sulla scienza.

Ad esempio, nel 1838, quando iniziò il suo viaggio in Italia e arrivò a Torino, Mary fu omaggiata da Giovanni Plana, allora direttore dell'Osservatorio locale, del suo lavoro Théorie du mouvement de la lune (Teoria del movimento della Luna). Diversi esperimenti furono preparati, e gli scienziati risposero a tutte le sue domande.

Tutto questo straordinario successo nella scrittura scientifica, tuttavia, determinò il campo della sua attività e in un certo senso evidenziò una sorta di limitazione. Infatti il primo lavoro di Mary, che fu letto da suo marito alla Royal Society poiché alle donne non era permesso partecipare alle riunioni della Accademia, era intitolato "Sul potere magnetizzante dei raggi solari più Refrangibili".

Era un lavoro veramente scientifico che fu infine pubblicato nel 1826 nelle Philosophical Transactions of the Royal Society of London, descrivendo i risultati di un esperimento che sembrava mostrare che la parte blu, verde e viola dello spettro Solare aveva un effetto magnetico, nel senso che potevano indurre magnetismo di oggetti metallici non magnetici come molle di orologi e aghi da cucito. Queste conclusioni furono accettate inizialmente, stimolando ulteriori scienziati, ad esempio Herschel e alcuni ricercatori a Vienna. Essi ripeterono con successo il lavoro, che fu accettato come valido per un numero di anni, ma furono successivamente confutati, perché altri ricercatori mostrarono che l'effetto non era dovuto ai raggi violetti del sole.

A giudicare dalle sue parole, sembra che nonostante la sua attività di ricerca non si considerasse adatta per la scienza "creativa", credendo che questo fosse un carattere distintivo del suo sesso: "All'apice del mio grande successo, l'approvazione di alcuni dei primi uomini scientifici dell'epoca e del pubblico in generale mi ha molto gratificato, ma molto meno esaltato di quanto ci si potrebbe aspettare, perché anche se avevo riportato in modo chiaro alcuni dei processi analitici più raffinati e difficili e alcune scoperte astronomiche, ero consapevole di non aver mai fatto una scoperta da sola, che non avevo originalità.

Ho perseveranza e intelligenza ma non genio, quella scintilla celeste non è concessa al nostro sesso, siamo della terra, terrene, se poteri superiori ci possano essere assegnati in un altro stato di esistenza Dio solo lo sa; in questo, il genio originale in scienza è senza speranza." Può sembrare strano leggere tali parole da una delle più dotate studiose del suo tempo, ma dobbiamo considerare che esse furono sicuramente incoraggiate dall'atteggiamento sociale dell'epoca che le concesse un così alto elogio e successo. Le donne interessate alla scienza potevano studiare fisica e astronomia, e indulgere in una "scienza descrittiva" mostrando e spiegando le scoperte dei loro colleghi maschi, ma era implicitamente considerato inappropriato o fuori dalle loro capacità condurre esperimenti o ricerche originali.

Infatti, mentre è difficile stabilire se o in che misura certe limitazioni sulla ricerca sperimentale e autonoma fossero auto-imposte, ciò che può essere stabilito con certezza sono le grandi abilità di Mary nell'analisi e valutazione delle opere scientifiche e la sua capacità di spiegare teorie complesse in modo semplice senza distorcerle. Un esempio in questo senso è la sua traduzione e commento del Mécanique Céleste dell'astronomo Pierre-Simon de Laplace, intrapresa nel 1827 su esplicita richiesta di Lord Brougham per conto della Society for the Diffusion of

Useful Knowledge. In questo monumentale lavoro, lo scienziato francese interpretò le osservazioni astronomiche degli oggetti del Sistema Solare, come le comete, i pianeti e i satelliti, utilizzando la teoria della gravitazione di Newton, dimostrando che il Sistema Solare è un meccanismo stabile e auto-regolato.

Tale era la sua complessità che nel 1808 si diceva che non più di una dozzina di matematici britannici fossero in grado di leggerlo, e Laplace era consapevole della difficoltà di questo lavoro. Si dice che durante una cena con i Somerville a Parigi il matematico, non sapendo nulla del primo matrimonio della sua ospite femminile, commentò: "Scrivo libri che nessuno può leggere. Solo due donne hanno mai letto il 'Mécanique Céleste'; entrambe sono donne scozzesi: la signora Grieg [nota dell'autore: il primo nome da sposata di Mary] e lei stessa." In altre fonti l'aneddoto è riportato in un modo leggermente diverso che, tuttavia, non cambia l'essenza del suo significato: "Ci sono state solo tre donne che mi hanno capito. Queste sono lei stessa, signora Somerville, Caroline Herschel e una signora Grieg di cui non so nulla."

Mary iniziò a lavorare a questo enorme progetto con la consapevolezza che, se l'avesse trovato inaccettabile, l'avrebbe bruciato. Si dedicò a questo lavoro per 4 anni, durante i quali dovette contemporaneamente partecipare alla vita sociale e all'educazione delle loro figlie perché, come scrisse nella sua autobiografia: "Un uomo può sempre comandare il suo tempo con la scusa degli affari, ad una donna non è permessa alcuna scusa simile."

Il "The Mechanism of Heavens" fu pubblicato nel 1831 e, come accennato sopra, era più di una traduzione dal francese all'inglese. Mary infatti presentò nell'introduzione i concetti matematici necessari per la comprensione del testo, fornì un profilo storico dell'argomento, e completò anche il lavoro con le sue illustrazioni e dimostrazioni. Fu un successo non solo tra la gente comune, ma anche nel mondo accademico, poiché divenne un testo classico di matematica superiore e astronomia fino alla fine del secolo adottato a Cambridge, un'università in cui una donna non avrebbe potuto studiare.

Il secondo libro, pubblicato nel 1834 con il titolo Sulle Connessioni delle Scienze Fisiche, era un'opera descrittiva che sottolineava la crescente interdipendenza tra le varie scienze, e in cui più di un terzo del lavoro era dedicato al suo argomento preferito: l'astronomia. Fu un grande successo e fu rivisto e ristampato dieci volte con l'inclusione delle scoperte più recenti. Nella sesta e settima edizione, Mary scrisse:

"Quelle [tabelle dei moti] di Urano tuttavia sono già difettose, probabilmente perché la scoperta di quel pianeta nel 1781 è troppo recente per raggiungere una grande precisione nella determinazione dei suoi movimenti, oppure potrebbe essere soggetto a perturbazioni di qualche pianeta ignoto che ruota attorno al Sole oltre i confini attuali del nostro sistema. Se dopo il trascorrere degli anni, le tabelle formate da una combinazione di numerose osservazioni dovessero essere ancora inadeguate a rappresentare i movimenti di Urano, le discrepanze potrebbero rivelare l'esistenza, anzi, anche la massa e l'orbita di un corpo posto per sempre oltre la sfera della visione."

Confermando la sua supposizione, l'ottava edizione del 1848 annunciò che John Adams e Urbain Leverrier, basandosi sulla sua osservazione, calcolarono l'orbita di Nettuno:

> *"[…] passò del tempo con Airy e Adams [sic] quest'ultimo disse al signor S. che una considerazione del mio Phys. Sci. lo ha convinto a calcolare l'orbita di Nettuno, se fossi stata brillante o originale avrei potuto farlo io stessa (una prova che l'originalità della scoperta non è data alle donne)."*

Come appare evidente, in tutti i suoi lavori Mary Somerville cercò di descrivere e spiegare lo stato attuale della scienza in termini comprensibili a un lettore istruito. A questo scopo ha sempre evidenziato i risultati sperimentali con un accurato vocabolario scientifico e, in caso di dispute, presentando le diverse posizioni ed eliminando quelle screditate dalle edizioni successive.

L'impressione risultante è quindi che, con il suo stile caratteristico, fosse particolarmente dotata nell'arte della divulgazione scientifica, avvicinando le persone alla scienza senza distorcerne la natura.

25.2 Fatti curiosi

Durante la sua vita Mary Somerville ricevette molti premi, in patria e all'estero, ma fu anche attaccata in diverse occasioni. Nel 1835, condividendo tale eccezione con Caroline Herschel in un'epoca in cui le donne avevano diritti legali limitati, le fu concessa una pensione civile annuale di 200 sterline, successivamente aumentata a 300, che può essere considerata uno stipendio per la sua ricerca scientifica.

Come ricordato nel capitolo precedente, condivise anche con la sua collega più anziana l'onore di essere le prime membri femminili della Royal Astronomical Society, ma le fu anche conferito il titolo di membro onorario di molte altre società scientifiche.

Al tempo Carolina aveva 85 anni e Mary 55 e le inviò una copia del suo libro accompagnata da complimenti:

OSPEDALE REALE, CHELSEA,
 16 aprile 1835.
 GENTILE SIGNORA, –
 Ho il sincero piacere di approfittare dell'opportunità di scrivervi che la Astronomical Society of London mi ha offerto, mettendo il mio nome nel numero dei Membri Onorari, e aggiungendo molto al valore di quella distinzione associando il mio nome al suo, a cui ho guardato con tanta ammirazione.
 Il mio obiettivo nel scriverle è chiedere che accetti una copia del mio libro sulla Connessione delle Scienze Fisiche, che è offerto con grande deferenza, avendo scritto per una classe di lettori molto diversa.
 Sono orgogliosa dell'amicizia di suo nipote, il degno figlio di un tale padre, che sta avendo tanto successo nella sua gloriosa impresa al Capo. Ho visto una lettera del 27 gennaio, quando erano tutti stavano bene e prosperavano.
 Rimango, cara signora,
 Con sincera stima,
 Molto sinceramente vostra, MARY SOMERVILLE

Le due però non ebbero mai l'occasione di incontrarsi, poiché l'unica volta che Mary fece visita all'osservatorio Herschel, Caroline non c'era.

Inoltre, la Royal Society of London eresse poi un busto di bronzo nell'Accademia, ma è piuttosto interessante che non sia mai stata in grado di vederlo poiché, essendo una donna, non aveva accesso ai locali dove era custodito. D'altra parte, dopo la pubblicazione del "The Mechanism of Heavens" fu accusata di essere una donna senza Dio alla Camera dei Comuni, e lo stesso Parlamento la denunciò di nuovo, insieme a influenti membri della Chiesa, quando nel suo libro Geografia Fisica, pubblicato nel 1848, accettò la teoria dell'antichità della Terra.

A questo proposito, probabilmente giudicandolo un argomento troppo delicato da discutere, e sebbene conoscesse e ammirasse il suo lavoro, evitò del tutto la teoria evolutiva di Charles Darwin.

Arago nel 1836 lesse estratti di una lettera di Somerville a una riunione dell'Académie des Science (Accademia delle Scienze) dove cercava di determinare attraverso esperimenti, se il raggio solare "chimico" mostrava attività analoghe ai raggi di luce e al raggio "calorifico" passando attraverso vari mezzi solidi.

Mary dimostrò che il sale di roccia trasmetteva il maggior numero di raggi chimici, usando carta rivestita con cloruro d'argento e preparata con il consiglio di Michael Faraday, posto su vari solidi e esposti tutti al sole, ma né Mary né Arago intuirono che il suo metodo era una sorta di fotografia primitiva.

Nel 1838 i Somerville si trasferirono in Italia, senza mai tornare, a causa del peggioramento della salute di suo marito, ma la sua attività scientifica non si fermò mai. Nella sua vita scrisse diverse opere:

- The Mechanism of Heavens, 1831;
- Sulle connessioni delle Scienze Fisiche, 9ª Edizione, 1858;
- Geografia Fisica, 6a Edizione, 1870;
- Scienza Molecolare e Microscopica, 1869;

alcuni dei quali avranno influenza su famosi scienziati come James Maxwell, compresa la suddetta Geografia Fisica che diventerà il suo testo più famoso, adottato fino ai primi del ventesimo secolo nelle scuole e nelle università.

La "Regina della Scienza del XIX Secolo" era impegnata non solo nella scienza, ma anche nel femminismo, e dava grande importanza alla prima come mezzo per migliorare la condizione femminile nella società. In questo contesto è interessante notare che, quando la figlia maggiore di Mary morì all'età di dieci anni, si sentì in colpa per averla incoraggiata all'esercizio intellettuale, mentre negli anni successivi scrisse:

"L'età non ha diminuito il mio zelo per l'emancipazione del mio sesso dal pregiudizio irragionevole, troppo diffuso in Gran Bretagna, contro un'educazione letteraria e scientifica per le donne. Madame Emma Chenu, che aveva ricevuto il grado di Master of Arts dalla Facoltà di Scienze dell'Università di Parigi, ha recentemente ricevuto il diploma di Licenza in Scienze Matematiche dalla stessa illustre Società, dopo aver superato un esame in algebra, trigonometria, geometria analitica, calcolo differenziale e integrale, e astronomia. Anche una signora russa ha preso una laurea; e una signora di mia conoscenza ha ricevuto una medaglia d'oro dalla stessa Istituzione. Ho aderito a una petizione al Senato dell'Università di Londra, pregando che fossero concesse lauree alle donne; ma è stata respinta.

> *Ho anche firmato frequentemente petizioni al Parlamento per il Suffragio Femminile, e ho l'onore ora di essere un membro del Comitato Generale per il Suffragio delle Donne a Londra."*

Appropriatamente, il più famoso degli istituti femminili d'Inghilterra, il Somerville College, Oxford, fondato all'inizio del ventesimo secolo, porta il suo nome.

Nonostante il suo femminismo dichiarato (tra le altre iniziative firmò la prima petizione in parlamento per dare il diritto di voto alle donne, una proposta del filosofo ed economista John Stuart Mill). Allo stesso tempo si considerava una donna a cui erano state date opportunità eccezionali, e la sua citazione sopra menzionata sulla presunta mancanza di originalità e creatività delle donne per la scienza rimane una contraddizione interessante.

In Italia Mary condusse una serie di esperimenti sull'azione dei raggi del sole sui succhi vegetali e inviò la sua descrizione e i risultati a John Herschel che le chiese il permesso di pubblicare parti della sua lettera.

Mary Somerville morì il 29 novembre 1872 a Napoli, all'età di 92 anni, mentre stava lavorando su un vecchio articolo di matematica, un articolo sui quaternioni, sentendo il rimpianto di non aver lavorato abbastanza su questo argomento ma come disse, con implacabile persistenza: "A volte trovo [problemi matematici] difficili, ma la mia vecchia ostinazione rimane, perché se non riesco oggi, li attacco di nuovo domani."

È sepolta lì nel cimitero inglese e gran parte della sua biblioteca scientifica è stata donata al recentemente fondato Ledies' College a Hitchin e ora Girton College for Women, a Cambridge.

Dopo la sua morte Martha, sua figlia, pubblicò parti dei ricordi di sua madre e fu anche immortalata dando il suo nome ad un cratere lunare e ad un asteroide.

25.3   Cosa dissero di lei

Sir David Brewster, Preside dell'Università di St Andrews e inventore del caleidoscopio, scrisse nel 1829: "[…] certamente la donna più straordinaria in Europa – una matematica di prim'ordine con tutta la dolcezza di una donna […] È anche una grande filosofa naturale e mineralogista." La sua amica Frances Power Cobbe pensava che Mary Somerville dovesse essere sepolta nell'Abbazia di Westminster, ma alla fine la sua campagna non ebbe successo a causa dell'opposizione di George Airy, all'epoca Astronomo Reale e Presidente della Royal Society.

Secondo le sue stesse parole "Il Decano acconsentì liberamente e con piena approvazione alla mia proposta, e il nipote di Mrs. Somerville, Sir William Fairfax, promise subito di sostenere tutte le spese. C'era solo una cosa ulteriore necessaria, e cioè la solita richiesta formale da parte di qualche organismo pubblico o persone ufficiali al Decano e al Capitolo di Westminster."

Tale "organismo pubblico" era stato identificato nella persona dell'Astronomo Reale che, tuttavia, "[…] rifiutò di farlo con la motivazione che non aveva mai letto i libri di Mrs. Somerville!" Il carattere egocentrico di tale scusa è evidenziato

subito dopo con le seguenti, pungenti parole: "Se abbia letto qualche cosa in cui
lei prendeva posizione contro di lui nell'aspra e rabbiosa controversia Adams-Le
Verrier, non sta a me dirlo."

Mary Somerville può essere considerata l'ultima dei grandi scienziati dilettanti
e allo stesso tempo una donna fortunata della scienza perché, come Charles Lyell
scrisse alla sua futura moglie, Mary Corner, nel 1831: "Se la nostra amica Mary
Somerville fosse stata sposata a Laplace o ad un altro matematico, non avremmo
mai sentito parlare del suo lavoro. Sarebbero stati incorporati in quello di suo marito
e diffusi come suoi."

Conclusioni

Questo libro contiene biografie di astronome del passato, alcune delle quali non sono così ben conosciute. Poiché il trait-d'union di queste biografie è stato dato dalle "sorelle dimenticate" che idealmente Caroline Herschel menziona nel poema a lei dedicato da Siv Cedering, queste si fermano intenzionalmente tra il diciottesimo e il diciannovesimo secolo. Il poema richiama solo cinque nomi, ma come abbiamo visto ce n'erano molti di più sparsi ovunque nel mondo.

Comunque, dall'antichità ai contemporanei di Caroline, il nostro conteggio si ferma a poco più di 20 nomi, quindi sorge naturalmente una domanda: perché così poche donne del passato sono ricordate nella storia dell'astronomia prima della famosa astronoma Caroline? E perché, ancora una volta prima di lei, nessuna figura femminile riveste un'importanza almeno paragonabile a quella dei loro colleghi maschi?

In effetti, l'elenco potrebbe essere più lungo, ma abbiamo incluso solo i nomi più significativi, o quelli per i quali c'era una quantità adeguata di informazioni, il che ci porta al seguito de nostro ragionamento. Con l'eccezione di alcuni personaggi nell'antichità, quando in ogni caso il contesto era abbastanza diverso da quello di tempi più recenti, le figure menzionate nel libro erano in qualche modo privilegiate.

Infatti, le donne che, nei secoli passati, avevano la libertà e la capacità di occuparsi di scienza, o ricevevano un'educazione non convenzionale, rispetto ai canoni del tempo, o erano state introdotte direttamente da alcuni membri della famiglia già ben posizionati nel campo. In questo modo la loro attività poteva coprire vari aspetti dell'astronomia, come l'osservazione diretta delle stelle, il calcolo e l'analisi dei dati o la scrittura di testi autorevoli, ma ovviamente potevano difficilmente assumere un ruolo di primo piano nel campo.

Inoltre, sono state guardate con sospetto per molto tempo e considerate eccezioni, perché la produzione di conoscenza era riservata agli uomini. I loro nomi, quindi, sono stati spesso cancellati e il loro lavoro incorporato in quello dei loro colleghi maschi, come ad esempio è accaduto a "Madame G.", di cui sappiamo solo che ha lavorato in anonimato con il matematico e astronomo francese Alexis Clairaut nel XVIII secolo. In altri casi, esse stesse firmavano con nomi maschili per dare credibilità al loro lavoro, come Antoine-August Le Blanc, lo pseudonimo che

G. Bernardi, *Le sorelle dimenticate*, https://doi.org/10.1007/978-3-031-98547-8

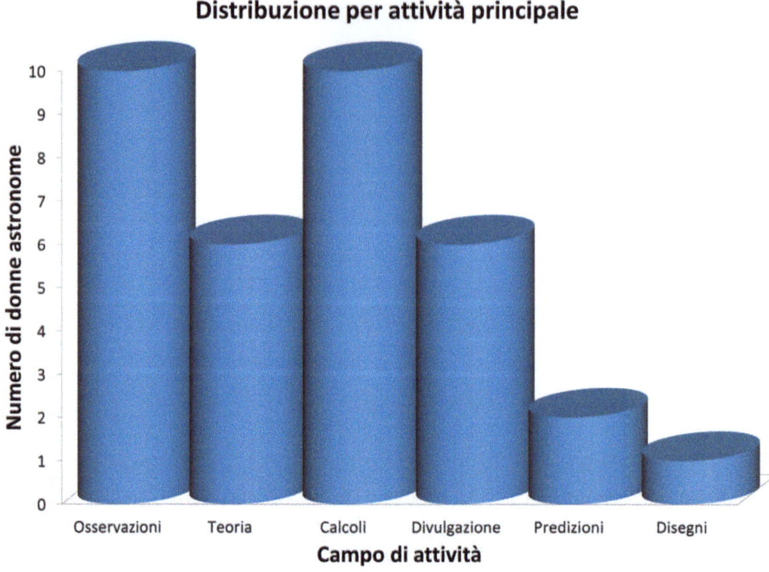

Figura A.1 Come mostrato da questo grafico che considera solo il campione utilizzato per questo libro, gli interessi delle astronome del passato spaziavano in tutti i campi di questa materia, dalle osservazioni allo sviluppo teorico

la matematica francese Sophie Germain usava per corrispondere con i suoi colleghi, l'italiano Joseph-Louis Lagrange o il tedesco Carl Friedrich Gauss.

Il ventesimo secolo vede le donne entrare nel mondo scientifico e godere di un'ammissione formale alle università sia come studentesse che come insegnanti, ma ancora con una mancanza di pari opportunità di carriera. Molte laureate, infatti, dovevano accontentarsi del ruolo di assistente o di insegnante di scuola superiore, e la quota femminile tra i frequentatori dei corsi scientifici rimaneva una piccola minoranza.

In altre circostanze, soprattutto durante i periodi di guerra, il ruolo delle donne era visto come un "ammortizzatore" nel mercato del lavoro. Erano impegnate in compiti che erano tradizionalmente considerati "maschili". Gli uomini erano chiamati alle armi ma, alla fine dei conflitti e al ritorno del "lavoratore legittimo", le lavoratrici di solito dovevano fare un passo indietro.

Un esempio concreto può essere trovato in Italia. Padre Giovanni Boccardi, dal 1903 al 1923, fu Direttore del Regio Osservatorio Astronomico di Torino, e scrivendo "Il nuovo regolamento del personale degli Osservatori Astronomici" esprimeva i suoi dubbi sulla presenza delle donne in Accademia: "[...] sarebbe prudente mettere come Assistente Professore, per esempio di Geometria descrittiva e disegno corrispondente, una giovane ragazza in mezzo a 180 studenti? [...]" questo ovviamente nel caso in cui un posto fosse stato vinto da una donna.

Sotto la sua direzione, probabilmente dovette affrontare questo problema, dato che i registri ufficiali riportano i nomi di nove donne inizialmente iscritte come "As-

sistente Volontaria" o "Calcolatrice", la maggior parte delle quali proveniva dalla Facoltà di Scienze con una laurea.

I vari Rapporti Annuali dell'Osservatorio Astronomico citano i loro nomi e posizioni: la Dr.ssa Luisa Viriglio, laureata in matematica e collaboratrice dal 1904 al 1906, la Dr.ssa Ernesta Fasciotti, collaboratrice dal 1905 al 1906. La Dr.ssa Giovanna Greggi ha avuto una carriera più articolata; collaboratrice dal 1911 al 1912; nel 1913 era Seconda Assistente, mentre nel 1927 divenne Professoressa di matematica e fisica presso l'Istituto Tecnico di Mondovì e scrisse un lavoro matematico che fu pubblicato negli atti del 1911–12 del R. Istituto Veneto di Scienze, Lettere ed Arti. L'elenco continua con i nomi della Dr.ssa Teresa Castelli, collaboratrice dal 1914 al 1918, la Dr.ssa Tiziana Teresilla Comi, laureata in matematica con una tesi sulla "Curvatura apparente delle orbite planetarie" e collaboratrice per quattro anni dal 1914. Durante questo periodo, nel 1917, pubblicò le Effemeridi del Sole e della Luna e fu membro della Società Urania dove tenne conferenze acclamate su argomenti astronomici.

La Dr.ssa Jeanette Mongini, collaboratrice dal 1919 al 1920, si dimise dal posto di Assistente il 25 novembre 1920. Corinna Gualfredo, iniziò come collaboratrice

Figura A.3 Visione di un
artista contemporaneo della
cometa Pons-Winnecke,
luglio 1921

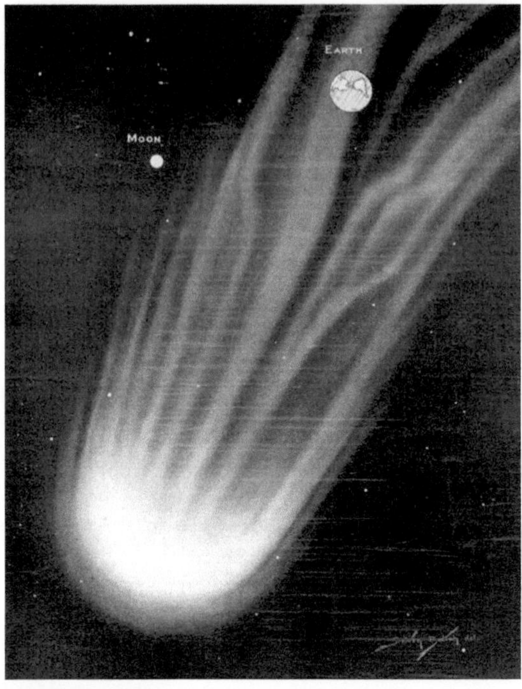

nell'agosto 1916 e fu nominata Assistente di ruolo, un ruolo che mantenne fino al 1921. Negli archivi dell'osservatorio si può trovare anche un suo lavoro sulla determinazione delle costanti del cerchio meridiano. La prefazione scritta dal Direttore Boccardi è singolare perché parla di lei usando il terzo pronome maschile.

Corinna Gualfredo entrò nel Comitato Editoriale della rivista Urania e su di lei Boccardi scrisse, ancora una volta: *"Il Sig. Gualfredo, che dal 1915 in poi aveva largamente contribuito alle osservazioni, in particolare al piccolo cerchi meridiano si ritirò dalle osservazioni alla fine di settembre. Così l'Osservatorio è privo di un aiuto efficace, intelligente e non retribuito."* Una dichiarazione abbastanza chiarificatrice.

Abbiamo poi Carla Greggi, "aiutante tecnica" dal 1912 fino al 1920 che in un lavoro di Corinna Gualfredo è definita come "calcolatrice". Questo era il nome che a quel tempo definiva le persone, di solito donne, che si occupavano di noiosi calcoli astronomici a mano, poi sostituite da vere e proprie calcolatrici meccaniche o elettromeccaniche e infine da computer.

I registri contengono anche il nome di Lina Graneris, che scrisse un lavoro sulla "Perturbazione della Cometa Pons-Winnecke in opposizione del 1921 e 1927", ma in seguito la presenza femminile all'osservatorio sembra essere interrotta per circa 15 anni.

La successiva fu la Dr.ssa Francesca Demichelis, che possedeva una laurea in matematica e fisica e, proveniente dal laboratorio di Fisica del Politecnico di Torino, collaborò dal 1942 fino al 1946 realizzando diagrammi microfotometrici utilizzati per studiare le tracce delle stelle variabili.

La Dr.ssa Ernesta Tedeschi, collaboratrice dal 1 dicembre 1943 al 30 novembre 1946, si laureò nel 1942–1943 con una tesi sullo "Studio delle variazioni luminose della stella AK Herculis e la loro interpretazione nell'ipotesi della sua duplicità", e fu poi sostituita dalla Dr.ssa Enrichetta Lagutaine che si laureò nel 1945–1946 con una tesi sul "Esame critico della teoria di Russel per la determinazione delle orbite dei sistemi binari fotometrici". Fu assunta prima il 1 dicembre 1946 per un solo anno all'Osservatorio di Torino come "incaricata per studi e ricerche". Infine, appare il nome di Teresina Tamburini, il cui lavoro ufficiale era la riorganizzazione della biblioteca dopo l'occupazione, e fu impiegata all'Osservatorio nel 1966.

Oggi la situazione è molto diversa. Il personale femminile è quasi al 50% ed è presente a tutti i livelli, e anni fa la Direzione è stata data a una donna, ma il ricordo di queste "sorelle" non troppo lontane che le hanno precedute non dovrebbe cadere nell'oblio.

Riferimenti bibliografici

Libri e Articoli

1. Ken Alder, The Measure of All Things: the seven-year odyssey and hidden error that transformed the world, Free Press, New York, 2002
2. Margaret Alic, L'eredità di Ipazia. Donne nella storia delle scienze dall'antichità all'Ottocento, Editori Riuniti, 1989
3. Alicchio, R. Pezzoli, C., (a cura di) Donne di scienza: esperienze e riflessioni, Torino, Rosenberg & Sellier, 1988
4. Alma Mater Studiorum, La presenza femminile dal XVIII al XX secolo, CLUEB Bologna, 1988
5. Emilio Ambrisi, Franco Eugeni, La donna e il mondo della scienza – dall'antichità all 'epoca dei lumi, Atti I Simposio Internazionale Elbano di Studi Filosofici, Centro Sociologico Italiano, Roma 1995
6. Arthur I. Moller, L'equazione dell'anima, Corriere della Sera, 2009
7. Gemma Beretta, Ipazia d'Alessandria, Editori Riuniti, 1992
8. Hildegard von Bingen, Scivias, trans. by Columba Hart and Jane Bishop with an Introduction by Barbara J. Newman, and Preface by Caroline Walker Bynum (New York: Paulist Press, 1990) 60–61
9. Giovanni Boccardi, Il nuovo regolamento per personale degli Osservatori Astronomici – 1912, Saggi di astronomia popolare
10. Mary Brück, Women in Early British and Irish Astronom. Stars and Satellites, Springer, 2009
11. Paul J. Campbell, Louise S. Grinstein, Women of Mathematics, A Bibliographic Soucebook, 1987
12. Siv Cedering, Letters from the Floating World: New and Selected Poems, University of Pittsburgh Press, 1984
13. Allan Chapman, Mary Somerville and the world of Science, Springer 2014
14. John Robert Christianson, On Tychos island: Tycho Brahe and his assistants, 1570–1601, Cambridge university press
15. Christianson, John Robert (2000). On Tycho's Island: Tycho Brahe and his assistants, 1570–1601. Cambridge University Press. ISBN 0-521-65081-X
16. Agnes Mary Clerke, The Herschel and Modern Astronomy, Cambridge University Press, 2010
17. Agnes Mary Clerke, Caroline Lucretia Herschel, Dictionary of National Biography XXVI, London, 1891, 260–263
18. Sylvie Coyaud, La scienza: una passione femminile. Scienziate grandi e grandissime nella storia e nell'attualita. In Cleis Franca, Varini Ferrari Osvalda (a cura di), (2001) Pensare un mondo con le donne. Saperi femminili nella scienza, nella società e nella letteratura. Atti del

G. Bernardi, *Le sorelle dimenticate*, https://doi.org/10.1007/978-3-031-98547-8

corso di formazione sulla presenza femminile nella storia e nella cultura del XX secolo (anni 1996–1999)

19. Giorgio Dragoni, Silvio Bergia, Giovanni Gottardi, Dizionario Biografico degli Scienziati e dei Tecnici, Zanichelli, 1999
20. European Commission, Women in Science, Luxembourg: Office for Official Publications of the European Communities, 2009, ISBN 978-92-79-11486-1
21. Garzya Antonio, Opere di Sinesio di Cirene: epistole, operette, inni, Turin: Unione Tipografico Editrice Torinese, 1989
22. Corinna Gualfredo, Il piccolo cerchio meridiano dell'Osservatorio di Pino Torinese: determinazioni delle costanti, Tip. Artigianelli, 1916
23. Margherita Hack, I contributi delle donne alla scienza: ieri e oggi, Pristem, Universita Bocconi
24. Mrs. John Herschel (Mary Herschel). Memoirs and Correspondence of Caroline Herschel. John Murray, Albemarle Street, London, 1876.
25. Thomas Hockey, Katherine Bracher, Marvin Bolt, Virginia Trimble, JoAnn Palmeri, Richard Jarrell, Jordan D. Marche', F. Jamil Ragep, Biographical Encyclopedia of Astronomers, Springer 2007
26. Michael Hoskin, Caroline Herschel: assistant astronomer or astronomical assistant?, History of Science (2002): 425–444
27. Hoskin Micheal, Caroline Herschel's Autobiographies, Science History Publications Ltd, Cambridge, 2003
28. Michael Hoskin, 2005. Caroline Herschel as Observer. Journal for the History of Astronomy, Vol. 36, Part 4, No. 125, pp. 373–406 (November 2005). (ADS: 2005JHA....36..373H)
29. Michael Hoskin, 2006. Caroline Herschel's Catalogue of Nebulae. Journal for the History of Astronomy, Vol. 37, Part 3, No. 128, pp. 251–253 (ADS: 2006JHA....37..251H)
30. Yung-Chung Kim, Women of Korea, A History from Ancient Times to 1945, Seoul: EWHA Women's University Press, 1997
31. Jerome Lalande, Astronomie des dames, Paris, 1790
32. Jerome Lalande, Bibliographie Astronomique: avec l'histoire de l'astronomie depuis 1781 jusqu'a 1802, Paris, 1803
33. Erika Luciano, Clara Silvia Roero, Numeri, Atomi e Alambicchi-Donne e Scienza in Piemonte dal 1840 al 1960 Parte I, Centro Studi e Documentazione Pensiero Femminile 2008
34. Madigan, Shawn. Mystics, Visionaries and Prophets: A Historical Anthology of Women's Spiritual Writings, Minnesota: Augsburg Fortress, 1998
35. L S Multhauf, Biography in Dictionary of Scientific Biography, New York, 1970–1990.
36. Kathryn A. Neeley, Mary Somerville: Science, Illumination and the Female Mind, Cambridge University Press, 2001
37. Ogilvie, Marilyn Bailey Women in Science: antiquity through the nineteenth century. Boston: Massechussets Institute of Technology, 1986.
38. Mariolyn Ogilvie, Joy Harvey, The Biographical Dictionary of Women in Science, Routledge, 2000
39. Mariolyn Ogilvie, Joy Harvey, The Biographical Dictionary of Women in Science, Routledge, 2003
40. Bailey Ogivie, Women in Science, The MIT Press Cambridge, 1990
41. Franco Pastrone, Il progetto WIND come spunto per un'analisi dei percorsi universitari nelle Facoltà scientifiche torinesi, Associazione Subalpina Mathesis
42. William W. Payne; H.C. Wilson (1898). "Maria Clara Muller". Popular Astronomy Vol. 6. Minnesota: Goodsell Observatory of Charleton College
43. Barbara Bennett Peterson, He Hong Fei, Guangyu Zhang, Notable Women Of China: Shang Dynasty To The Early Twentieth Century, Routledge, 2000
44. Jean Pierre Poirier, Histoire des fammes de science en France, Pygmalion Gérard Watelet, 2002
45. Terry Pratt, David McCallam, David Williams, The Enterprise of Enlightenment: A Tribute to David Williams from His Friends, Peter Lang, 2004

46. F J Ring, John Herschel and his heritage, in D G King-Hele (ed.), John Herschel 1792–1871: A bicentennial commemoration (London, 1992), 3–16

47. Vera Rubin, Bright Galaxies, Dark Matters, Springer Science & Business Media 1997

48. Londa Schiebinger, Maria Winkelmann at the Berlin Academy: A Turning Point for Women in Science, Isis 78 (1987): 174–200.

49. Londa Schiebinger, The Mind Has No Sex? Women in the Origins of Modern Science, Cambridge: Harvard University Press, 1991

50. Londa Schiebinger, Women in Science: historical perspective, In C. Megan Urry, Laura Danly, Lisa E. Sherbert and Shireen Gonzaga (Eds.) Women at Work: A Meeting on the Status of Women in Astronomy. Proceedings of the conference held at the Space Telescope Science Institute, Baltimore, September 8–9, 1992

51. Segura Graiño, C (1998). Diccionario de mujeres en la historia. Madrid: Espasa-Calpe

52. Sara Sesti, Liliana Moro, Donne di Scienza, Centro ELEUSI-PRISTEM Università Bocconi, 2002 Sara Sesti, Liliana Moro, Scienziate nel tempo. 70 biografie, edizioni LUD, Milano 2010

53. Edward Singleton Holden, Sir William Herschel: His Life and Works, New York 1881

54. Mary Somerville, Personal Recollections, from Early Life to Old Age, London 1874

55. Annuari del Regio Osservatorio Astronomico di Pino Torinese (1902–1945)

56. Vignoles, Alphonse des. Eloge de Madame Kirch a l'occasion de laquelle on parle de quelques autres femmes & d'un paison astronomes. Bibliothèque germanique 3 (1721): 115–183.

57. Lémonon Waxin, Domesticity in the Making of Modern Science, Palgrave, 2015

58. Margaret Wertheim, I pantaloni di Pitagora. Dio, le donne e la Matematica, Torino, Instar Libri, 1996

59. Leigh Ann Whaley, Women's History as Scientists: A Guide to the Debates, ABC-CLIO, 2003

Web

60. https://www.techhouse.org/~spg/caroline.html

61. http://www.sheisanastronomer.org/index.php/history

62. http://scienzaa2voci.unibo.it/biografie

63. http://www.brainpickings.org/2014/08/11/johannes-hevelius-catalog-of-stars/

64. http://pionnieres.revolublog.com/jeanne-dumee-a44539607

65. http://www.bo.astro.it/dip/Museum/english/car_67.html

66. http://www.distinguishedwomen.com/

67. http://www.agnesscott.edu/lriddle/women/alpha.htm

68. https://herschelmuseum.org.uk/about/history/